高职高专电子信息类系列教材

电子测量技术基础

孙亚飞　编著

西安电子科技大学出版社

内 容 简 介

本书主要内容包括电子测量基础知识，常用模拟仪器和数字仪器(信号发生器、电压表、示波器、电子计数器、频谱分析仪、逻辑分析仪)的基本组成、工作原理及操作方法，智能仪器的基本结构、工作原理及研制方法，虚拟仪器平台架构、开发流程及产品实例。本书注重电子测量知识的系统性和理论知识难度的适用性，并加强了对电子测量仪器实践操作内容的系统介绍。

为了方便教师教学，本书还配套了电子教学参考资料包，包括教学指南、电子教案等，读者可通过西安电子科技大学出版社官网(www.xduph.com)下载。

本书可作为高职高专学校电子技术应用、电子产品开发等专业课程教材，也可作为电子测量工程师等专业技术人员的岗位培训或参考用书。

图书在版编目(CIP)数据

电子测量技术基础 / 孙亚飞编著. --西安：西安电子科技大学出版社，2023.6

ISBN 978-7-5606-6862-8

I. ①电… II. ①孙… III. ①电子测量技术—高等职业教育—教材 IV. ①TM93

中国国家版本馆 CIP 数据核字(2023)第 065957 号

策　　划　明政珠
责任编辑　赵婧丽
出版发行　西安电子科技大学出版社(西安市太白南路 2 号)
电　　话　(029)88202421　88201467　　邮　　编　710071
网　　址　www.xduph.com　　电子邮箱　xdupfxb001@163.com
经　　销　新华书店
印刷单位　陕西精工印务有限公司
版　　次　2023 年 6 月第 1 版　　2023 年 6 月第 1 次印刷
开　　本　787 毫米×1092 毫米　1/16　印　张　11.5
字　　数　268 千字
印　　数　1～2000 册
定　　价　33.00 元

ISBN 978-7-5606-6862-8 / TM

XDUP　7164001-1

前言

本书较系统地介绍了电子测量技术基础知识和电子测量仪器操作实践，读者通过学习本书可以在掌握相关知识的基础上了解常见的电子测量仪器，进而能够正确地完成各类电子测量任务。

本书共九章，第 1 章为电子测量基础知识，主要内容包括电子测量技术概述、电子测量方法分类、测量误差基本概念、测量结果表示方法和电子测量仪器概述五部分。

第 2 章至第 7 章介绍常用电子测量仪器，对信号发生器、电压表、示波器、电子计数器、频谱分析仪、逻辑分析仪等六种常用电子测量仪器进行了系统介绍，各章主要内容包括概述、基本结构及工作原理、主要技术指标、使用注意事项、典型产品选型等。

第 8 章为智能仪器，主要对智能仪器的基本结构及工作原理、智能仪器研制方法等内容进行了详细分析和说明，以使读者对智能仪器有一个系统的了解，为后续学习和操作各类智能仪器奠定基础。

第 9 章为虚拟仪器，主要对虚拟仪器平台架构、开发流程及 PXI 总线虚拟仪器开发基础进行了详细分析和说明，以使读者对虚拟仪器有一个系统的了解，为后续学习虚拟仪器开发软件(如 LabVIEW、LabWindows/CVI、HPVEE 等)奠定基础。

本书由深圳信息职业技术学院孙亚飞编著。全书理论内容满足课程需要，内容难易合适，适合高职高专学生学习和理解；通过对各类常用仪器设备的介绍，使学生将理论学习和实践练习相结合，加深对理论知识的理解和掌握，进而提高实践能力。

由于编者水平有限，书中难免存在疏漏和不妥之处，欢迎广大读者批评指正。

编 者

2022 年 11 月

目录

第 1 章　电子测量基础知识

测量是人类对客观事物取得数量概念的认识过程，是按照某种规律、借助专门仪器、用数值来描述客观事物的，即对客观事物作出量化描述。

测量结果通常是由数值(大小及符号)和相应单位组成的，没有单位的测量结果是没有物理意义的。

本章首先介绍测量技术的进展，电子测量的意义、内容、特点；然后详细介绍电子测量方法的分类、测量误差的基本概念、测量结果的表示方法；最后介绍电子测量仪器的主要分类、误差分析、性能指标及使用方法。

1.1　电子测量技术概述

电子测量技术是指利用电子技术实现各类测量方案，开发各类测量仪器，完成各类测量任务的技术。

1.1.1　测量技术进展

电子测量技术随着电学的出现而产生，其发展也伴随着电子技术的发展。在具体介绍电子测量技术发展历程之前，我们先对电子技术发展历程进行简要介绍，以便更好地理解电子测量技术的发展历程。

1. 电子技术发展历程

电子技术的发展主要经历了三个阶段，分别是电子管阶段、晶体管阶段和集成电路阶段，如图 1-1 所示。

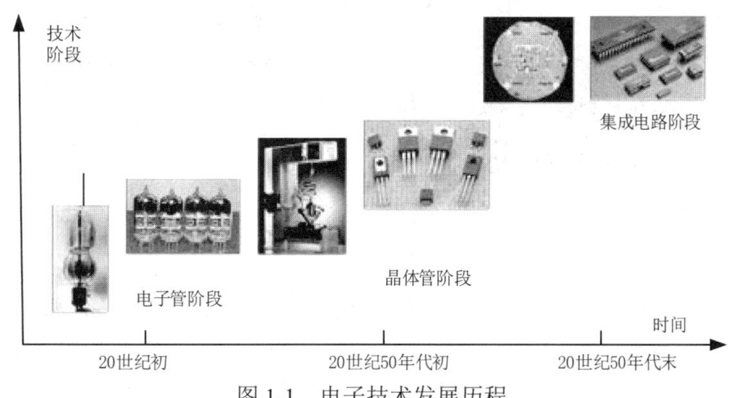

图 1-1　电子技术发展历程

1) 电子管阶段

1883 年，美国发明家托马斯·爱迪生(Thomas Edison)在研究白炽灯寿命时，在灯泡碳丝附近焊上了一小块金属片，结果出现了一个奇怪现象：金属片虽然没有与灯丝接触，但是如果在它们之间加上电压，灯丝就会产生一股电流，趋向附近的金属片。这股神秘电流从哪里来？爱迪生无法解释，但他不失时机地将这一发现注册了专利，称之为爱迪生效应。爱迪生及爱迪生效应的实验装置如图 1-2 所示。

爱迪生效应不仅具有重大的科学意义，而且还具有重要的实际应用价值，它推进了电子管的发明，是 19 世纪末一项重要的科学发现之一。

1897 年，英国物理学家约瑟夫·约翰·汤姆逊(Joseph John Thomson)在研究阴极射线管时，用实验的方法发现了电子。电子的发现为电子学研究奠定了坚实基础。汤姆逊及其电子发现实验如图 1-3 所示。

图 1-2　爱迪生及爱迪生效应实验装置

图 1-3　汤姆逊及其电子发现实验

爱迪生效应虽然没受到爱迪生本人的重视，却引起了英国物理学家、电气工程师约翰·安布罗斯·弗莱明(John Ambrose Fleming)的极大兴趣。经过反复实验，弗莱明于 1904 年研制出一种能够实现交流电整流和无线电检波的特殊灯泡，他把这项发明称为热离子阀(“阀”是开关的意思)并为它申请了专利。这就是世界上第一只电子管，也就是后来所说的真空二极管，弗莱明及其真空二极管如图 1-4 所示。真空二极管的发明标志着人类进入了无线电时代。

图 1-4　弗莱明及其真空二极管

1906 年，美国发明家李·德·福雷斯特(Lee De Forest)在真空二极管上又加进了一个极，即栅极，从而使真空二极管变成了真空三极管(三个电极)。电子流从灯丝流向屏极的速度明显地随着栅极上电荷量的不同而不同，栅极上一个变化但又很弱的电压会在灯丝-屏极组合上转化成一个变化相同但要强得多的电子流动。福雷斯特及其真空三极管如图 1-5 所示。

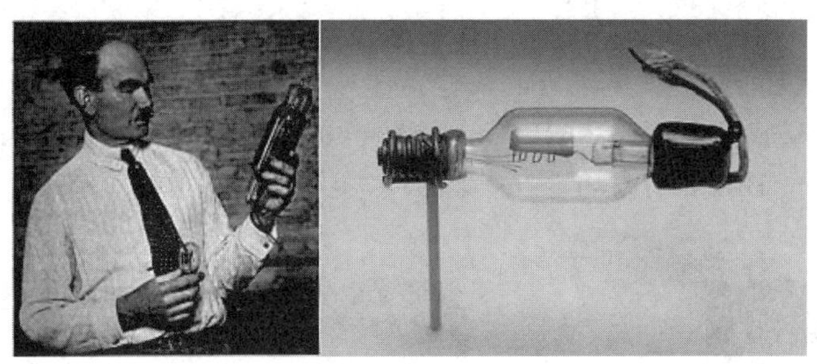

图 1-5　福雷斯特及其真空三极管

真空三极管能在不失真情况下对微弱的电信号进行放大，也可用于整流，这都有力地促使了收音机等各种电子设备的出现。目前，常用的电子管实物如图 1-6 所示。

图 1-6　电子管实物

有关电子管发展历程的主要事件及其关联如图 1-7 所示。

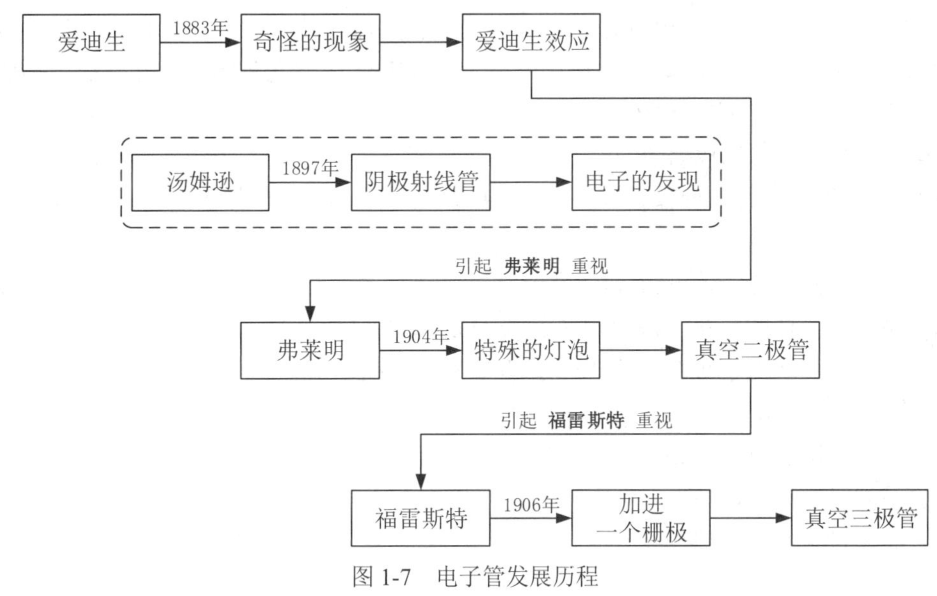

图 1-7　电子管发展历程

2) 晶体管阶段

世界上第一只电子管的诞生标志着世界从此进入了电子时代。但电子管体积大、能耗高、使用寿命短、制造工艺复杂，特别是在具体应用中，其缺点更加暴露无遗，即处理高频信号效果不理想，应用于移动式军用设备的电子管不仅笨拙而且易出故障。

20 世纪 20 年代，随着人们对半导体这种新型材料相关特性认识的不断深入，以及对其应用研究的不断加强，替代电子管的新型器件——晶体管诞生所需的材料基础已经具备。

美国物理学家威廉·肖克利(William Shockley)、约翰·巴丁(John Bardeen)和沃尔特·布拉顿(Walter Brattain)成功地在美国贝尔实验室研制出世界上第一只晶体管，如图 1-8 所示。

(a) 威廉·肖克利

(b) 约翰·巴丁

(c) 沃尔特·布拉顿

(d) 世界上第一只晶体管

(e) 晶体管实物

图 1-8　晶体管及其发明者

1948 年 6 月 30 日，美国贝尔实验室首次在纽约向公众展示了晶体管。晶体管是一种固体半导体器件，作为可变电流开关，具有检波、整流、放大、开关、稳压、信号调制等多种功能。与电子管相比，晶体管具有体积小、功耗低、频谱范围宽、性能稳定等优点，所以它出现后很快就替代了电子管。

1948 年 11 月，肖克利构思出一种新型晶体管，其结构像三明治夹心面包那样，把 N 型半导体夹在两层 P 型半导体之间。直到 1950 年，人们才成功地制造出第一个 PN 结型晶体管。

与电子管相比，晶体管具有以下优点：

(1) 晶体管器件的寿命一般比电子管长 100～1000 倍；

(2) 晶体管消耗电子极少，为电子管的十分之一或几十分之一；

(3) 晶体管不需要预热，一开机就能工作；

(4) 晶体管结实可靠，耐冲击、耐振动；

(5) 晶体管体积小，只有电子管体积的十分之一至百分之一；

(6) 晶体管工作时放热很少，可用于设计小型、复杂、可靠的电路。

3) 集成电路阶段

尽管晶体管制造工艺精密，但是其工序简便，有利于提高其制作效率。可是单个晶体管的出现不能满足电子技术飞速发展的需要，并且随着电子产品制作的日趋复杂，其中的电子器件越来越多，怎样才能将这些独立的电子器件集成在一起呢？于是产生了集成电路。

20 世纪 50 年代末，美国物理学家杰克·基尔比(Jack Kilby)和罗伯特·诺伊斯(Robert

Noyce)分别发明了锗集成电路和硅集成电路，将电子技术的发展带进了快车道。基尔比及其锗集成电路如图 1-9 所示；诺伊斯及其硅集成电路如图 1-10 所示；集成电路实物如图 1-11 所示。

(a) 杰克·基尔比

(b) 锗集成电路

图 1-9　基尔比及其锗集成电路

(a) 罗伯特·诺伊斯

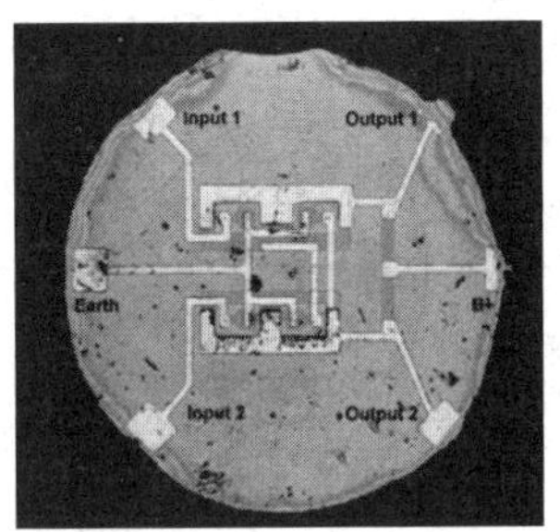

(b) 硅集成电路

图 1-10　诺伊斯及其硅集成电路

(a)

(b)

(c)

图 1-11　集成电路实物

集成电路的发展经历了三个阶段：集成电路、大规模集成电路、超大规模集成电路。

(1) 第一阶段：集成电路(1947—1958 年)。

1947 年，美国贝尔实验室的威廉·肖克利、约翰·巴丁和沃尔特·布拉顿三人发明了晶体管，这是微电子技术发展历程中的第一个里程碑。

1950 年，美国物理学家威廉·肖克利制成了世界上第一个结型晶体管(PN 结型晶体管)。

1950 年，美国人拉塞尔·奥尔和威廉·肖克利发明了离子注入工艺。

1952 年，实用型场效应晶体管(Field Effect Transistor，FET)出现。

1956 年，美国人富勒发明了扩散工艺。

1958 年，美国仙童公司罗伯特·诺伊斯与德州仪器公司杰克·基尔比间隔数月分别发明了集成电路，开创了世界微电子学历史。

(2) 第二阶段：大规模集成电路(1960—1971 年)

1960 年，美国工程师卢尔和卡斯特兰尼发明了光刻工艺。

1962 年，美国无线电公司(Radio Corporation of America，RCA)史蒂文 • 霍夫施泰因和弗雷德里克 • 海曼研制出可批量生产的金属氧化物半导体场效应晶体管(MOSFET)，并将 16 个 MOS 晶体管集成到一个芯片上，这是全球真正意义上的第一个 MOS 管集成电路。

1963 年，美国仙童公司弗兰克 • 万拉斯和萨支唐首次提出 CMOS 电路技术，该技术为大规模集成电路发展奠定了坚实的基础。当今 95%以上的集成电路芯片都基于 CMOS 电路技术。

1964 年，英特尔公司(Intel)戈登 • 摩尔提出了摩尔定律，他预测芯片技术未来的发展趋势是：当价格不变时，芯片上可容纳的元器件数目每隔 18～24 个月便会增加一倍，性能也将提升一倍。

1966 年，RCA 公司研制出 CMOS 集成电路，并研制出第一块门阵列电路(50 门)，为大规模集成电路的发展奠定了坚实基础，具有里程碑意义。

1967 年，美国应用材料公司成立，现已成为全球最大的半导体设备制造公司。

1971 年，Intel 公司推出 1 KB 动态随机存储器(DRAM)，标志着人类进入大规模集成电路(LSI)阶段。

1971 年，Intel 公司推出全球第一款微处理器 4004，它是一款 4 位中央处理器芯片，采用 MOS 工艺制造，片上集成了 2250 个晶体管，这是一个里程碑式的发明。

(3) 第三阶段：超大规模集成电路(1974—1988 年)。

1974 年，美国 RCA 公司推出第一款微处理器 RCA 1802，它是一款 8 位微处理器芯片，首次采用了 CMOS 电路结构，其耗电量很小。RCA 1802 是第一款应用在航天领域的微处理器，如 Viking、Galileo 和 Voyager 等航天项目都应用了该芯片。

1978 年，64 KB 动态随机存储器问世。在不足 0.5 cm^2 的硅片上集成了 14 万个晶体管。

1979 年，美国英特尔公司推出 5 MHz 的 8088 微处理器芯片，之后美国 IBM 公司基于 8088 微处理器芯片推出了全球第一台个人电脑。

1981 年，256 KB 动态随机存储器和 64 KB 静态随机存取存储器问世。

1984 年，1 MB 动态随机存储器和 256 KB 静态随机存取存储器问世。

1985 年，Intel 公司推出 25 MHz 的 80386 微处理器芯片。

1988 年，16 MB 动态随机存储器问世。在 1 cm^2 的硅片上集成了 3500 万个晶体管，标志着进入超大规模集成电路(VLSI)阶段。

集成电路的发明拉开了电子器件微型化的新纪元，使微处理器的出现成为可能，也使计算机走进了人类生产、生活的各个领域，引领人类走进信息社会。

2000 年，在集成电路出现 42 年之后，人们终于了解到它给人类社会带来的巨大影响和推动作用。俄罗斯的若雷斯 • 阿尔费罗夫，美国的赫伯特 • 克勒默和杰克 • 基尔比获得了 2000 年诺贝尔物理学奖，他们发明了快速晶体管、激光二极管和集成电路，这些技术为现代信息技术的发展奠定了坚实基础。

2. 电子测量技术发展历程

在人类历史发展进程中，18 世纪末到 19 世纪初是一个重要的历史时期。在这一时期，电的概念开始出现，同时相关实验工作和理论研究也迅速发展起来，最终导致了一门重要学科——电学的诞生。

由于电的出现和实际应用以及由此发展起来的模拟电路技术、数字电路技术、计算机技术、软件技术、网络技术等，因此相继产生了模拟仪器、数字仪器、智能仪器、虚拟仪器等。

电子测量技术的发展历程主要经历了模拟仪器阶段、数字仪器阶段、智能仪器阶段以及虚拟仪器阶段。

1) 模拟仪器阶段

20 世纪 50 年代以前是模拟仪器阶段。这一阶段随着模拟电路技术的发展和成熟，出现了各类模拟仪器。模拟仪器主要利用模拟电路技术开发而成，其基本结构以电磁机械式为主，借助指针来显示测量结果，测量精度较低。

2) 数字仪器阶段

20 世纪 50 年代至 80 年代是数字仪器阶段。这一阶段随着集成电路技术、数字电子技术等的不断发展，出现了数字仪器。数字仪器主要是在模拟仪器的基础上改进而来的，其基本结构以数字电路为主，利用数字显示屏来显示测量结果。与模拟仪器相比，数字仪器的测量精度有了较大提高。

3) 智能仪器阶段

20 世纪 80 年代至 90 年代是智能仪器阶段。这一阶段随着微处理器技术、软件技术、通信技术等的发展，将微处理器引入数字仪器中，用于提高数字仪器的数据处理、数据显示能力，从而产生了一类新型仪器——智能仪器。

智能仪器主要是在数字仪器的基础上内置了微处理器，能够对被测量进行数据采集、数据处理、数据显示及数据通信，具有强大的数据处理和分析能力，从而使仪器具有一定的智能功能，其测量精度与数字仪器相比也有了一定的提高。

4) 虚拟仪器阶段

从 20 世纪 90 年代开始便进入了虚拟仪器阶段。这一阶段随着计算机技术、软件技术、网络技术等的进一步发展，将计算机技术引入各类仪器设计开发中，便出现了虚拟仪器这一新型电子测量仪器。虚拟仪器是现代计算机技术和测量技术相结合的产物，是测试仪器领域的一次巨大变革，是未来测试仪器发展的一个重要方向。

虚拟仪器改变了原来的测试仪器功能只能由生产厂家定义，而用户无法改变的局面，同时仪器的测试功能主要由软件来实现，而不再由硬件为主来实现各种测量功能，软件就是仪器、网络就是仪器的概念展示了全新的测试仪器开发模式和测试仪器发展潮流，在世界范围内对测试仪器行业产生了重要而深远的影响。

1.1.2　电子测量意义

在电学出现和应用之前，人们所使用的各类测量仪器都不是用电学原理开发的，我们把它们统称为传统测量仪器(简称传统仪器)。

传统仪器伴随着人类社会的生产、生活很早就出现了，早期主要是一些度量仪器。传统仪器通常是基于各类数学、物理、化学等原理制作而成的，用于长度、重量、容积等基本物理量的测量。

从人类社会产生到现在，传统仪器一直存在并随着科学技术水平的进步和生产生活的需要而不断地发展着，对推动社会发展和科学技术进步起到了重要作用。各类传统仪器有其不足之处，主要体现在：测量功能简单、测量精度较低、测量速度缓慢、需要人工参与、技术升级缓慢、测量规模有限等。

18世纪末，电学诞生。由于电的出现和实际应用以及由此所发展起来的模拟电子技术、数字电子技术、计算机技术、通信技术、网络技术等，最终导致了模拟仪器、数字仪器、智能仪器、虚拟仪器等基于电学技术所开发的各类电子测量仪器相继出现，我们统称为现代测量仪器，简称现代仪器。

相较于传统仪器，现代仪器具有的优点是：测量功能丰富、测量精度高、测量速度快、无须人工参与、技术升级快速、测量规模庞大等。

基于各类现代仪器所进行的测量称之为电子测量，例如：用数字万用表测量电压，用频谱分析仪监测卫星信号等。

相较于应用传统仪器所进行的测量，电子测量可实现自动化、高精度、高速度、大规模测试工作，是当前人类社会发展的基础，具有决定性作用。另外，电子测量不仅应用广泛，是现代社会发展的必备条件，而且也是一门发展迅速、对现代科学技术的发展起着重大推动作用的独立学科。

图 1-12 所示为测量仪器发展历程。

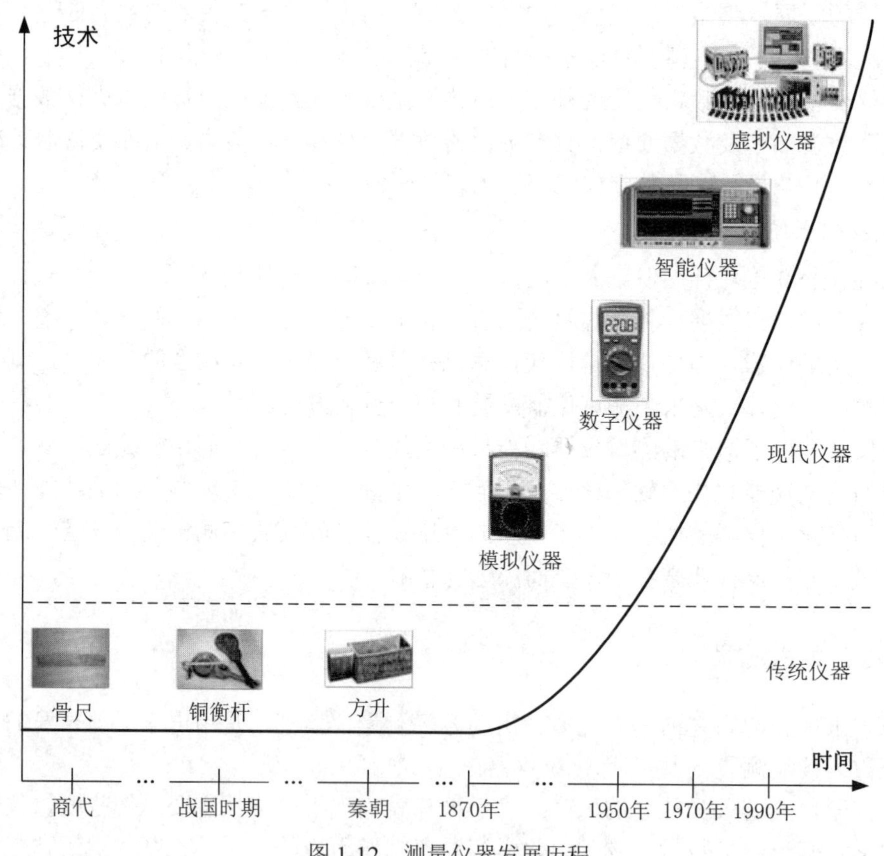

图 1-12　测量仪器发展历程

从某种意义上说：现代科学技术水平是由电子测量的技术水平来保证和体现的；电子测量技术水平是衡量一个国家科学技术水平的重要标志。

1.1.3　电子测量内容

电子测量主要是指对电学领域内电信号的各种电学参数的测量。

1. 基本电学量测量

基本电学量是指电信号的电压值和电流值。基本电学量测量是指对电信号的电压及电流进行的测量，以及由电压和电流相乘所得到的功率的测量。在基本电学量测量中，绝大部分测量工作是通过对电压的测量来完成的。

2. 扩展电学量测量

扩展电学量是指电信号中除了电压和电流等基本电学量之外的其他电学参数，主要有阻抗、频率、时间、相位、电场强度、磁场及相关量等。扩展电学量的测量主要是在电信号的电压及电流测量基础上，通过一定的数学处理和分析而获得的电信号的其他特性参数。

3. 元器件及电路参数测量

元器件及电路参数测量是指对构成电子线路的基本电路元件及电子线路的特性参数所进行的测量，通常包括：电路基本元器件(电阻、电感、电容、晶体管、集成电路等)特性参数测量，电子线路整机特性曲线(伏安特性、频率特性等)测量等。

4. 电子设备性能指标测量

电子设备性能指标通常包括灵敏度、增益、带宽、信噪比等。电子设备性能指标测量主要是指对上述各类性能指标参数的测量。

另外，通过相关传感器还可将各类非电量(如温度、压力、加速度等)转换成电信号后进行测量，从而利用电学量测量方法实现对非电量的测量。

1.1.4　电子测量特点

与传统测量仪器所进行的测量相比，电子测量通常具有以下特点。

1. 测量速度快

电子测量是通过电磁波的传播和电子运动来进行的，因而测量过程反应迅速，可以快速完成测量过程，而不需要花费很长时间，这是传统测量仪器所无法达到的。

另外，只有测量速度快，才能测出快速变化的各类高频物理量，这对于现代科学技术的发展具有特别重要的意义。

2. 测量带宽宽

电子测量既可以测量直流电信号，又可以测量交流电信号，其频率范围(也称为带宽)很宽，目前各类测试设备的测量带宽可以达到 10^{-6}～10^{12}Hz 的频率范围。

注意：对于不同的频率，即使是测量同一种电量，所需采用的测量方法和使用的测量仪器也应有所不同。

3. 测量量程宽

量程是指各种仪器设备所能测量的参数的有效范围。相比较于传统测量仪器，电子测量仪器具有较宽的量程范围。

4. 测量准确度高

电子测量的准确度要比传统仪器测量的准确度高得多。特别是对于频率和时间的测量，其测量误差可以减小到 10^{-15} 量级，这是目前人类在测量准确度方面达到的最高指标。

注意：正是由于电子测量准确度高，使其在现代科学技术领域得到了广泛的应用。

5. 易于实现自动化

电子测量仪器通常采用各种微处理器和软件技术进行设计和开发，从而使其具有自动化采集、运算和记录被测量的功能，易于实现测试过程的自动化，这也是电子测量未来的发展方向。例如：在测量过程中能实现自动量程转换、自动校准、自动故障诊断、自动修复，在测量结束后对测量结果可以实现自动记录、自动分析和处理、自动输出等。

6. 易于实现远程测量

电子测量还可以通过通信网络和传感器来实现远程测量，从而便于人们对一些环境恶劣中的仪器设备进行测量控制，避免了对测试人员的人身伤害。例如：核电站现场测试、卫星发射现场测试、高温环境测试等，都可以通过电子测试设备的远程测量功能来实现现场无人值守。

1.2 电子测量方法分类

测量方法是指为了获得准确的测量结果所采用的各种手段和方式。电子测量具有多种不同的测量方法，可按照不同标准对其进行分类，以便于测量人员掌握。

下面按照常见的分类方法，即按测量方式和按参照变量两种分类方法分别对电子测量方法进行介绍。

1.2.1 按测量方式分类

按测量方式的不同，电子测量方法通常可以分为直接测量、间接测量、组合测量三种方法。

1. 直接测量

直接测量是指直接从电子仪器或仪表上读出测量结果的方法。例如：用电压表测量电路两点之间的电压；用通用电子计数器测量频率等。

直接测量具有测量过程简单、方便的特点，多数电子测量仪器采用此类测量方法实现测量功能。

2. 间接测量

间接测量是指对一个与被测量有确定函数关系的物理量进行直接测量，然后通过代表该函数关系的公式、曲线或表格，间接计算出该被测量值的测量方法。例如：要测量已知电阻 R 上消耗的功率，则需先测量加在 R 两端的电压 U，然后再根据公式 $P=\frac{U^2}{R}$，便可求出功率 P 的值。

间接测量具有测量过程较为复杂的特点，只有当被测量不便于直接测量时才采用。这种测量方法多用于各类非电量参数的电子测试仪器开发中。

3. 组合测量

组合测量是指在某些测量中，被测量与几个未知量有关，测量一次无法得到最终测量结果，则可改变测量条件进行多次测量，然后按照被测量与未知量之间的函数关系组成联立方程，通过求解得到最终测量结果。

组合测量是一种复杂的测量方法，它兼用了直接测量和间接测量两种方法，适用于科学实验及特殊参数测量场合。

1.2.2　按参照变量分类

按测量时所参照自变量(时间、频率)的不同，电子测量方法通常可分为时域测量和频域测量两种。

另外，随着数字系统使用的日益广泛，逻辑测量也越来越多，其本质上属于时域测量的一种。

1. 时域测量

时域测量是指测量被测对象在不同时间点上的特性。这时被测信号是关于时间的函数。例如：可用示波器测量被测信号(电压值)的瞬时波形，显示它的幅度、宽度、上升和下降沿等参数。

另外，时域测量还包括对一些周期信号的稳态参量的测量，如正弦交流电压，虽然其瞬时值会随着时间变化，但是其振幅和有效值却是稳态值，也可以用时域测量方法对其进行测量。

时域测量是人们习惯的测量方式，也是使用较多的一种测量方法。

2. 逻辑测量

逻辑测量又称为数据域测量，是指对数字系统数字信号在不同时间点上的特性进行的测量，本质上属于时域测量。

利用逻辑分析仪能够分析离散信号组成的数据流，可以观察多个输入输出通道的并行数据，也可以观察一个通道的串行数据。

逻辑测量主要用于各类数字系统的设计和开发中。

3. 频域测量

频域测量是指测量被测对象在不同频率点上的特性。这时被测信号是关于频率的函数。例如：可用频谱分析仪对电路中产生的电压分量进行测量，可产生幅频特性曲线、相频特性曲线等。

频域测量是人们不太习惯的测量方式，使用场合较少。

1.3 测量误差基本概念

1.3.1 重要概念介绍

1. 真值

真值是指在一定时间及空间(位置或状态)条件下，被测量所体现的真实数值，它是一个理想概念，一般无法精确测量到，通常用 A_0 来表示。

1) 真值概念分析

真值不是一个纯客观概念，它通常与人为对某特定量的定义联系在一起。如果没有给定某特定量的定义，也就无从谈起这个特定量的真值。

另外，即使对于物体厚度这样一个定义了的特定量，由于物体两个面之间不可能是理想的平行面，也无法确定它的厚度真值。

2) 真值获取分析

除了如平面三角形三个内角之和的真值等于 π 弧度、国际千克原器的质量真值等于 1 kg 这类规定中的真值可以不通过测量即可获得外，一般特定量的真值都必须通过测量才能获得。

对于以上两个规定真值，特定的三角形并不能保证是理想的平面上的三角形；而国际千克原器的质量实际上也在不断地变化，只是人们在一定条件下认为它不变而已。

只要进行测量，就必然伴随着不等于 0 的误差范围或不确定度，因为大多数测量都是采用将被测量与规定单位量进行比较的方法，而这种比较测量方法一定带有误差。

总之，真值是一个理想概念，从量子效应和测不准原理来看，真值按其本质是不能被最终确定的。但这并不排除对特定量的真值测量可以不断地接近，特别是对于给定实用目的，所需测量值总是允许有一定误差范围或不确定度的。实际上对于给定被测量的误差要求，则并不需要获得特定量的真值，而只需要与该真值足够接近即可，即其不确定度满足需要的误差范围即可。

因此，总是有可能通过不断改进特定量的定义、测量方法和测量条件等，使获得的测量值能够尽可能地接近真值，以满足实际使用该测量值时的误差需要。

通常，真值可以分为理论真值、约定真值和相对真值三种。

(1) 理论真值。理论真值也称绝对真值，是人为规定的值，如三角形内角和为 180°、国际千克原器质量等于 1 kg 等规定。

(2) 约定真值。约定真值也称规定真值，是接近真值的值，与真值之差可忽略不计。实际测量中以在没有系统误差的情况下，足够多次测量值之平均值作为该被测量的约定真值。

(3) 相对真值。相对真值是指测量精度高一级的测量仪器的测量结果即为测量精度低一级的测量仪器的测量结果的真值，此真值被称为相对真值。

在实际应用中，有时也称约定真值或相对真值为实际值，通常用 A 来表示。实际值是各类测量活动中经常要获得的值，用于测量结果表示、测量误差分析、测量精度计算等。

3) 真值测量方法

通常，真值的测量方法主要有以下几种：

(1) 采用国家基准或地方最高计量标准的值作为其真值；

(2) 采用国际权威组织推荐的值作为其真值；

(3) 采用约定真值作为其真值。

2. 误差

由于测量设备、测量方法、测量环境和测量人员素质等条件的限制，导致测量结果与被测量真值之间通常会存在一定差异，这个差异就被称为误差，有时也称为测量误差。

测量误差是实际测量过程中真实存在和不可避免的，不是测量错误。只要满足测量精度要求，则一定范围的测量误差是被允许的。而且在满足测量精度要求的前提下，随着测量精度要求降低、测量误差变大，测量所需的设备成本和人力成本会大大降低。

由于导致测量误差产生的原因多种多样，而且人类对测量误差的要求则是越小越好，因此我们需要对导致测量误差产生的原因进行系统分析和研究，不断进行各方面改进和创新，以期减小测量误差，提高测量精度。

我们研究测量误差的目的，就是了解产生测量误差的原因和规律，寻找减小测量误差的方法和措施，从而不断提高测量精度和准确度，满足人类生产、生活的需要。

1.3.2　误差表示方法

对于测量误差，通常需要对其进行定量表示，以便对测量精度、准确度等进行比较，判断测量结果是否满足应用要求等。

通常有两种表示方法可对测量误差的大小进行定量表示，即绝对误差和相对误差。

1. 绝对误差

1) 定义

由测量所得到的被测量值 x 与其真值 A_0 之差，称为绝对误差，记作Δx，即有

$$\Delta x = x - A_0 \tag{1-1}$$

说明：

(1) 由于测量结果 x 总含有误差，x 可能比 A_0 大，亦可能比 A_0 小，因此Δx 既有大小，也有正负，其量纲和测量值的量纲相同；

(2) 这里所说的被测量值是指测量仪器的示值。

注意：

(1) 通常，测量仪器的示值和测量仪器的读数有区别；

(2) 测量仪器的读数是指从测量仪器的刻度盘、显示器等读数装置上直接读到的数字；

(3) 测量仪器的示值是指该被测量的测量结果，包括数量值和量纲，通常由测量仪器的读数经过换算而得到。

式(1-1)中的 A_0 表示真值，而实际测量时无法得到 A_0，所以通常用实际值 A 来代替真值 A_0，从而式(1-1)可改写为

$$\Delta x = x - A \tag{1-2}$$

2) 修正值

修正值是指与绝对误差的绝对值大小相等、符号相反的量值，用 c 表示，即

$$c = -\Delta x = A - x \tag{1-3}$$

对测量仪器进行定期检定时，用标准仪器与受检仪器相比对，可以用表格、曲线或公式的形式给出受检仪器的修正值。

在日常测量中，受检仪器测量所得到的结果应加上修正值，以求得被测量的实际值，即

$$A = x + c \tag{1-4}$$

说明：

(1) 利用修正值可以减小误差的影响，使测量值更接近真值；

(2) 实际应用中，应定期将测量仪器送检，以便得到正确的修正值。

2. 相对误差

绝对误差虽然可以说明测量结果偏离实际值的大小，但不能确切地反映测量的准确程度，也不便看出对整个测量结果的影响。在绝对误差的基础上，通过分析提出了相对误差。

相对误差是指绝对误差与被测量的真值之比，用 γ 表示，即

$$\gamma = \frac{\Delta x}{A_0} \times 100\% \tag{1-5}$$

注意：相对误差没有量纲，只有大小及符号。

在进行相对误差计算时，真值通常难以确切得到。根据替代真值 A_0 值的不同，相对误差又分为实际相对误差、示值相对误差、引用相对误差三种类型，具体介绍如下。

1) 实际相对误差

用实际值 A 代替真值 A_0 来表示的相对误差被称为实际相对误差，用 γ_A 表示，即

$$\gamma_A = \frac{\Delta x}{A} \times 100\% \tag{1-6}$$

2) 示值相对误差

在误差较小，要求不是很严格的场合，也可用测量值 x 代替实际值 A，由此得到的相对误差称为示值相对误差，用 γ_x 表示，即

$$\gamma_x = \frac{\Delta x}{x} \times 100\% \tag{1-7}$$

式中：Δx 由所用仪器的准确度等级确定；由于 x 中含有误差，所以 γ_x 只适用于近似测量；当Δx 很小时，$x \approx A$，有 $\gamma_A \approx \gamma_x$。

3) 引用相对误差

用绝对误差与仪器满刻度值 x_m 之比来表示相对误差，称为引用相对误差或满度相对误差，用 γ_m 表示，即：

$$\gamma_m = \frac{\Delta x}{x_m} \times 100\% \tag{1-8}$$

测量仪器使用最大引用相对误差来表示它的准确度，这时有

$$\gamma_{mm} = \frac{\Delta x_m}{x_m} \times 100\% \tag{1-9}$$

式中：Δx_m 表示仪器在该量程范围内出现的最大绝对误差；x_m 表示仪器的满刻度值；γ_{mm} 表示仪器在工作条件下不应超过的最大引用相对误差，它反映了该仪器的综合误差大小。

1.3.3　误差主要来源

在实际测量过程中，测量仪器、测量环境、测量人员等因素都会对测量结果产生一定影响，导致测量误差的产生。

本节将对引起误差的来源进行分析，为后续减小测量误差、提高测量精度提供一系列有效改进措施奠定基础。

1. 仪器误差

由于仪器本身及其附件的电气和机械性能不完善而引入的误差称为仪器误差。例如，仪表零点漂移、刻度不准确和非线性等因素引起的误差以及数字式仪表的量化误差均属此类误差。

仪器误差原则上可以通过选择合适的测量仪器来减小或消除。

2. 理论误差

由于测量所依据的理论不够严密或用近似公式、近似值计算测量结果所引起的误差称为理论误差。例如，峰值检波器输出电压总是小于被测电压，峰值所引起的峰值电压表误差就属于此类误差。

理论误差原则上可通过理论分析和计算来加以修正或消除。

3. 方法误差

由于测量方法不适宜而造成的误差称为方法误差。例如，用低内阻万用表测量高内阻电路的电压时所引起的误差就属于此类误差。

方法误差原则上可通过改变测量方法来加以修正或消除。

4. 环境误差

由于温度、湿度、震动、电源电压、电磁环境等各种环境因素与仪器仪表要求的条件不一致而引起的误差称为环境误差。例如，数字电压表技术指标中单独给出的温度影响误差就属于此类误差。

环境误差原则上可以通过改善环境条件来减小或消除。

5. 人为误差

由于测量人员的分辨率、视觉疲劳、不良习惯或缺乏责任心等因素引起的误差称为人为误差。例如，读错数字、操作不当等。

减小人为误差的主要途径有：提高测量人员操作技能；培养测量人员责任意识；采用数字显示读数方式以避免读错；采用更适合的测量方法，如自动测试等。

1.3.4　误差主要类型

根据误差性质的不同，通常可将测量误差分为系统误差、随机误差和疏失误差三类。

1. 系统误差

系统误差是一种非随机性误差，在一定条件下，其误差(大小及符号)保持恒定或按照一定规律变化。系统误差决定了测量结果的准确度。

1) 系统误差主要特点

系统误差的主要特点有：

(1) 系统误差产生原因在测量前就已存在；

(2) 系统误差具有规律性、可预测性；

(3) 系统误差具有累加性。

2) 系统误差产生原因

系统误差的产生原因主要有：

(1) 仪器误差：由于仪器本身的缺陷或没有按规定条件使用而造成的。例如，仪器的零点不准、仪器未调整好、外界环境(温度、湿度、电磁场等)对仪器影响等所产生的误差。

(2) 理论误差：由于测量所依据的理论公式本身的近似性，或实验条件不能达到理论公式所规定的要求，或实验方法本身不完善所带来的误差。例如，热学实验中没有考虑散热所导致的热量损失，伏安法测电阻时没有考虑电表内阻对实验结果的影响等。

(3) 操作误差：由于观测者个人感官和运动器官的反应、各人习惯不同而产生的误差，这类误差因人而异，并与观测者当时的精神状态有关。

3) 系统误差减小方法

减小系统误差的方法如下。

(1) 修正值法。对于定值系统误差可以采取修正措施，一般采用加修正值的方法。

(2) 消除误差源法。用排除误差源的办法来消除系统误差，这就要求测量者对所用测量仪器、测量环境、测量方法等进行仔细分析、研究，尽可能找出产生系统误差的根源，进而采取措施予以消除。

(3) 专用方法。常见减小系统误差的专用方法如下：

① 交换法。测量中将某些条件，如被测物的位置相互交换，使产生系统误差的原因对测量结果起相反作用，从而达到抵消系统误差的目的。

② 替代法。进行两次测量，第一次对被测量进行测量，达到平衡后，在不改变测量条件的情况下，立即用一个已知标准值替代被测量，如果测量装置还能达到平衡，则被测量就等于已知标准值。如果不能达到平衡，修整使之平衡，这时可得到被测量与标准值的差值，即被测量 = 标准值 − 差值。

③ 补偿法。补偿法要求进行两次测量，改变测量中某些条件，使两次测量结果中，得到的误差值大小相等、符号相反，取这两次测量的算术平均值作为测量结果，从而抵消系统误差。

④ 对称测量法。对称测量法是指在对被测量进行测量前后，对称地分别对同一已知量进行测量，将对已知量两次测得的平均值与被测量的测得值进行比较，便可得到消除线性系统误差的测量结果。

⑤ 组合测量法。由于按复杂规律变化的系统误差不易分析，采用组合测量法可使系统误差以尽可能多的方式出现在测得值中，从而将系统误差变为随机误差处理。

⑥ 半周期偶数测量法。对于周期性的系统误差，可以采用半周期偶数观察法，即每经

过半个周期进行偶数次观察的方法来消除。

2. 随机误差

随机误差也称为偶然误差和不定误差，是由测量过程中一系列相关因素微小的随机波动而形成的具有相互抵偿性的误差。在相同条件下进行多次测量，随机误差会出现无规律的变化情况。随机误差决定了测量结果的精密度。

1) 随机误差主要特点

随机误差的主要特点有：

(1) 随机误差产生原因在测量时随机产生；

(2) 随机误差没有规律性、不可预测；

(3) 随机误差具有抵消性。

2) 随机误差产生原因

随机误差的产生原因十分复杂，通常主要有：电磁场微变、零件摩擦、温度变化、湿度变化、气压变化、空气扰动、测量人员感觉器官生理变化等及其综合影响，这些因素都可以成为随机误差的产生原因。

3) 随机误差减小方法

通常，可以通过多次测量求平均值的方法来减小随机误差对测量结果的影响。

有关系统误差和随机误差的区别如图 1-13 所示。

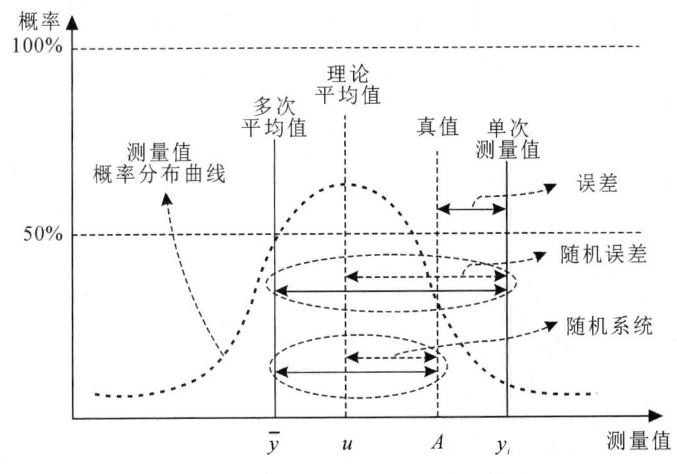

图 1-13　系统误差与随机误差比较图

3. 粗大误差

在一定条件下，测量结果明显偏离实际值时所对应的误差称为粗大误差(简称粗差)，又称为疏失误差。

1) 粗大误差主要特点

粗大误差的主要特点是不具有抵偿性，存在于一切科学实验中，不能被彻底消除，只能在一定程度上减弱。

2) 粗大误差产生原因

粗大误差的产生主要有客观和主观两方面原因。

(1) 客观原因：电压突变、机械冲击、环境震动、静电干扰、电磁干扰、仪器故障等引起的测试仪器测量值异常，从而产生了粗大误差。

(2) 主观原因：使用了有缺陷的测试装置；操作时疏忽大意；读数、记录、计算错误等。

3) 粗大误差减小方法

粗大误差严重歪曲了实际情况，所以在处理数据时应将其剔除，否则将对标准差、平均值产生严重影响，影响测量结果。

粗大误差的减小方法是采用剔除法，即将多次测量结果中的最大值和最小值去除，或者将多次测量结果中的明显偏大或偏小的测量结果去除，以减小测量结果的误差。

1.3.5 误差精度分析

通常用精度来反映测量结果与其真值之间的吻合程度。

精度是指误差分布的密集或离散程度，也就是指离散度的大小。离散度越小，观测质量越好，精度越高；离散度越大，观测质量越差，精度越低。

精度是一个定性概念，我们用精密度、准确度及精确度来定量表示一个测量结果的精度。

1. 精密度

定义：精密度是指重复测量时测量结果的分散性，反映了随机误差对测量结果的影响程度。

精密度的定量表示：测量结果与其多次测量结果的总体均值之差，即

随机误差 = 测量结果 − 总体均值

关于对精密度概念的图示理解，如图 1-14 所示。

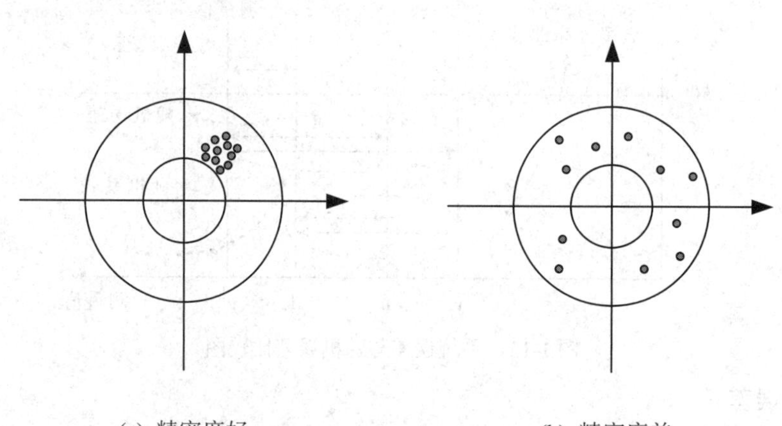

(a) 精密度好　　(b) 精密度差

图 1-14　精密度概念理解示意图

精密度表征了测量结果的随机误差大小。

2. 准确度

定义：准确度是指测量结果与真值的接近程度，反映了系统误差对测量结果的影响程度。

准确度的定量表示：多次测量结果的总体均值与其真值之差，即

系统误差 = 总体均值 − 真值

关于对准确度概念的图示理解，如图 1-15 所示。

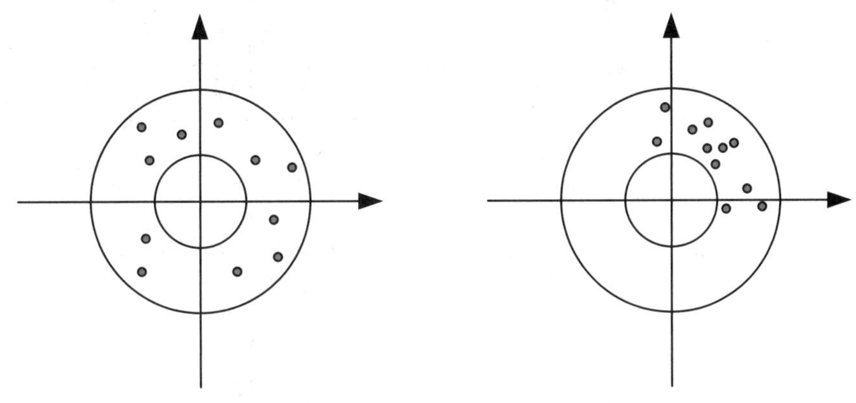

(a) 准确度好　　(b) 准确度差

图 1-15　准确度概念理解示意图

准确度表征了测量结果的系统误差大小。

3. 精确度

定义：精确度是精密度和准确度的合成，反映测量结果与其真值的接近程度，包括测量结果与其总体均值之差和其总体均值与其真值之差两部分之和。

精确度的定量表示：测量结果与其总体均值之差和其总体均值与其真值之差的两者之和，即

绝对误差 = 测量结果 − 真值
= (测量结果 − 总体均值) + (总体均值 − 真值)
= 随机误差 + 系统误差

关于对精确度概念的图示理解，如图 1-16 所示。

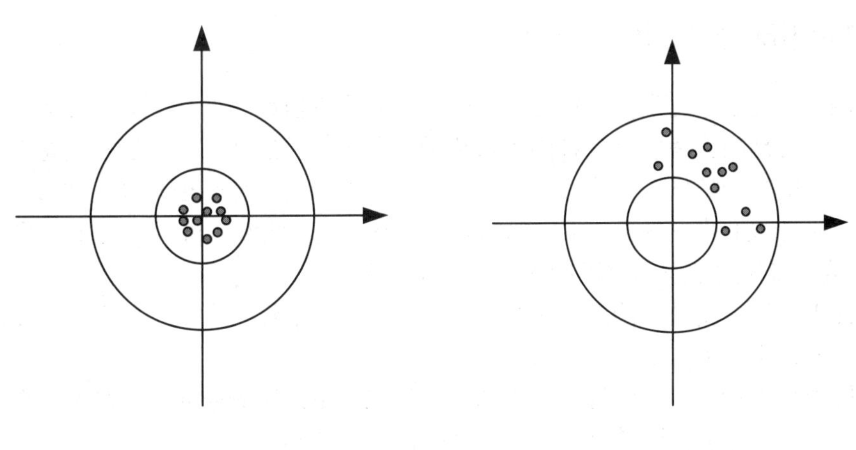

(a) 精确度好　　(b) 精确度差

图 1-16　精确度概念理解示意图

精确度表征了测量结果中随机误差和系统误差的综合影响。

关于对测量精度概念的综合理解，如图 1-17 所示。

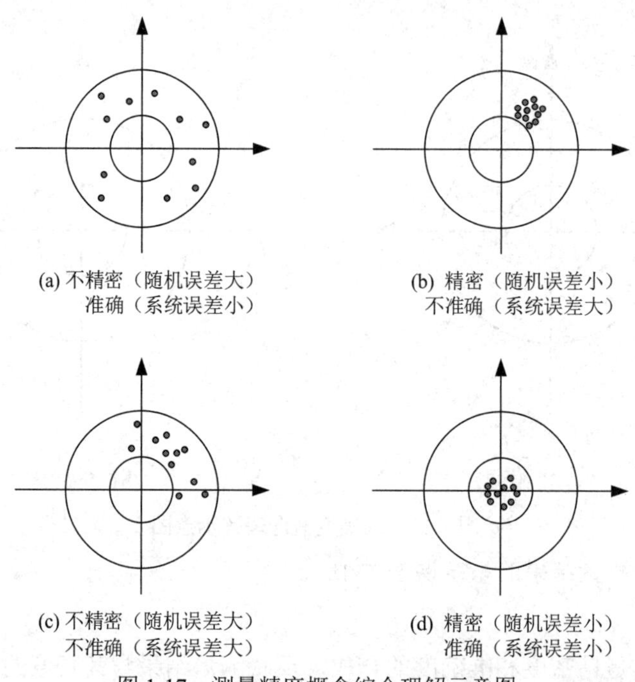

图 1-17　测量精度概念综合理解示意图

1.4　测量结果表示方法

本节首先对测量不确定度这一概念进行详细说明和分析，在此基础上对测量结果表示方法进行介绍，然后对测量结果的有效数字表示方法及有效数字运算规则进行介绍，最后简要介绍测量数据的处理方法。

1.4.1　测量不确定度分析

所谓测量不确定度，是指表征合理的赋予被测量之值的分散性，并与测量结果相关的参数。其中：合理指应考虑到各种因素对测量的影响所做的修正，特别是测量应处于统计控制状态下，即处于随机控制过程中；相关指测量不确定度是一个与测量结果联系在一起的参数，在测量结果的完整表示中应包括测量不确定度。此参数可以是诸如标准差(标准偏差)或其倍数，或说明了置信水准的区间的半宽度等。

从字面上理解，测量不确定度意味着对测量结果可信性、有效性的怀疑程度或不确定程度，是定量说明测量结果可信度的一个参数。

从实际情况来看，由于测量不完善和人们认识不足，所测被测量值具有分散性，即每次测量结果不是同一值，而是以一定概率分散在某个区域内。

为了表征测量结果的这种分散性，通常用标准偏差来表示测量不确定度。在实际应用中，往往希望知道测量结果的置信区间，因此规定测量不确定度也可用标准偏差的倍数或说明了置信水准的区间的半宽度表示。为了区分这两种不同的表示方法，分别称它们为标准不确定度和扩展不确定度。

1. 测量不确定度来源

在实际测量过程中，测量不确定度主要来源于以下方面：

(1) 对被测量的定义不完整或不完善；

(2) 实现被测量的定义的方法不理想；

(3) 被测量样本不能代表所定义的被测量；

(4) 对模拟仪器的读数存在人为偏差；

(5) 测量仪器的分辨率或鉴别率不够；

(6) 计量标准的值或标准物的值不准；

(7) 用于计算的常量和其他参量不准；

(8) 测量方法和测量程序具有一定的近似性和假定性；

(9) 表面上看完全相同条件下，被测量重复观测值具有一定的变化量。

(10) 对测量过程受环境影响认识不周全，或对环境条件的测量与控制不完善。

由此可见，测量不确定度一般来源于模糊性和随机性，前者归因于事物本身概念不明确，后者归因于条件不充分。这就使得测量不确定度一般由许多分量组成，其中一些分量可以测量结果(观测值)的统计分布来进行评价，并且以实验标准偏差来表征；而另一些分量可以根据经验或其他信息的假定概率分布来进行评价，并且也可以用标准偏差来表征。

2. 标准不确定度分析

以标准偏差表示的测量不确定度称为标准不确定度。标准不确定度用符号 u 表示，它不是由测量标准引起的不确定度，而是指不确定度以标准偏差表示，来表征被测量的分散性。这种分散性可以有不同的表示方式。

表达方式一：

$$\frac{\sum_{i=1}^{n}(x_i-\bar{x})}{n} \tag{1-10}$$

用式(1-10)表示时，由于正残差与负残差可能相消，因此反映不出分散程度。

表达方式二：

$$\frac{\sum_{i=1}^{n}\left|x_i-\bar{x}\right|}{n} \tag{1-11}$$

用式(1-11)表示时，则不便于进行解析运算。

只有用标准偏差表示的测量结果的不确定度，才称为标准不确定度。

当对同一被测量作 n 次测量，表征测量结果分散性的量 s 按下式计算时，称它为实验标准偏差，即

$$s=\frac{\sqrt{\sum_{i=1}^{n}(x_i-\bar{x})^2}}{n} \tag{1-12}$$

式(1-12)中：x_i 为第 i 次测量的结果；$\bar{x}$ 为所考虑的 n 次测量结果的算术平均值。

对同一被测量作有限的 n 次测量，其中任何一次的测量结果或观测值都可视作无穷多次测量结果或总体的一个样本。数理统计方法就是通过这个样本所获得的信息(例如算术平均值 $\bar{x}$ 和实验标准偏差 s 等)来推断总体的性质(例如期望 μ 和方差 σ^2 等)。

期望是通过无穷多次测量所得的观测值的算术平均值或加权平均值，又称为总体均值 μ，显然它只是在理论上存在，可表示为

$$\mu = \lim_{n\to\infty}\left(\frac{1}{n}\sum_{i=1}^{n} x_i\right) \tag{1-13}$$

方差 σ^2 则是无穷多次测量所得观测值 x_i 与期望 μ 之差的平方的算术平均值，它也只是在理论上存在，可表示为

$$\sigma^2 = \lim_{n\to\infty}\left(\frac{1}{n}\sum_{i=1}^{n}(x_i - \mu)^2\right) \tag{1-14}$$

方差的正平方根 σ 通常被称为标准差，又称为总体标准差或理论标准差；而通过有限多次测量所得的实验标准偏差 s，又称为样本标准偏差。式(1-12)即为贝赛尔公式，所算得的 s 是 σ 的估计值。

s 是单次观测值 x_i 的实验标准偏差，$s/\sqrt{n}$ 是 n 次测量所得算术平均值 $\bar{x}$ 的实验标准偏差，它是 $\bar{x}$ 分布的标准偏差的估计值。为了易于区别，单次观测值 x_i 的实验标准偏差用 $s(x)$ 表示，算术平均值 $\bar{x}$ 的实验标准偏差用 $s(\bar{x})$ 表示，故有 $s(\bar{x}) = s(x)/n$。

通常用 $s(x)$ 表征测量仪器的重复性，而用 $s(\bar{x})$ 评价以此仪器进行 n 次测量所得测量结果的分散性。随着测量次数 n 的增加，测量结果的分散性 $s(\bar{x})$ 即与 $\sqrt{n}$ 成反比地减小，这是由于对多次观测值取平均后，正、负误差相互抵偿所致。所以，当测量要求较高或希望测量结果的标准偏差较小时，应适当增加 n；但当 $n>20$ 时，随着 n 的增加，$s(\bar{x})$ 的减小速率减慢。因此，在选取 n 的多少时应予综合考虑或权衡利弊，因为增加测量次数就会拉长测量时间、加大测量成本。在通常情况下，取 $n\geqslant 3$，以 $n = 4\sim 20$ 为宜。另外，应当强调 $s(\bar{x})$ 是平均值的实验标准偏差，而不能称它为平均值的标准误差。

3. 测量不确定度评定

测量结果不确定度通常由多种原因引起，对每个不确定度来源评定的标准偏差称为标准不确定度分量，用符号 u_i 表示。通常，对这些标准不确定度分量的评定方法有两种，即 A 类评定和 B 类评定。

1) 不确定度 A 类评定

用对观测列进行统计分析的方法来评定标准不确定度，称为不确定度 A 类评定，也称 A 类不确定度评定。

通过统计分析观测列的方法，对标准不确定度进行评定，所得到的相应标准不确定度称为 A 类不确定度分量，用符号 u_A 表示。

这里的统计分析方法是指根据随机取出的测量样本中所获得的信息来推断关于总体性质的方法。例如，在重复性条件或复现性条件下的任何一个测量结果，可以看作是无限多次测量结果中的一个样本，通过有限次数的测量结果，即有限的随机样本所获得的诸如平均值 $\bar{x}$、实验标准差 s 等信息来推断总体的平均值(即总体均值 μ 或分布的期望值)以及总体标准差 σ，就是统计分析方法之一。

A 类标准不确定度用实验标准偏差来表征。

2) 不确定度 B 类评定

用不同于对观测列进行统计分析的方法来评定标准不确定度，称为不确定度 B 类评定，也称 B 类不确定度评定。所得到的相应的标准不确定度称为 B 类标准不确定度分量，用符号 u_B 表示。

用根据经验或资料及假设的概率分布估计的标准偏差表征，也就是其原始数据并非来自观测列的数据处理，而是基于实验或其他信息来估计，含有主观鉴别的成分。

用于不确定度 B 类评定的信息来源一般有：

(1) 以往观测数据；

(2) 对有关技术资料和测量仪器特性的了解和经验；

(3) 生产部门提供的技术说明文件；

(4) 校准证书、检定证书或其他文件提供的数据、准确度的等别或级别，包括目前仍在使用的极限误差、最大允许误差等；

(5) 手册或某些资料给出的参考数据及其不确定度；

(6) 规定实验方法的国家标准或类似技术文件中给出的重复性限 r 或复现性限 R。

这两类标准不确定度仅是估算方法不同，不存在本质差异，它们都是基于统计规律的概率分布，都可用标准偏差来定量表达，合成时同等对待。只不过 A 类是通过一组与观测得到的频率分布近似的概率密度函数求得的，而 B 类是由基于事件发生的信任度(主观概率或称为经验概率)的假定概率密度函数求得的。对某一项不确定度分量究竟用 A 类方法评定，还是用 B 类方法评定，应由测量人员根据具体情况选择。

需要特别指出的是：A 类、B 类与随机、系统在性质上并无对应关系，为了避免混淆，不应再使用随机不确定度和系统不确定度。

4. 合成标准不确定度

在测量结果是由若干个其他量求得的情形下，测量结果的标准不确定度等于这些其他量的方差和协方差和的正平方根，称为合成标准不确定度。合成标准不确定度是测量结果标准偏差的估计值用符号 u_C 表示。

$$u_C(x)=\sqrt{u_A^2+u_B^2} \tag{1-15}$$

方差是标准差的平方，协方差是相关性导致的方差。当两个被测量的估计值具有相同的不确定度来源，特别是受到相同的系统效应的影响，例如使用了同一台标准器时，它们之间即存在着相关性。如果两个都偏大或都偏小，称为正相关；如果一个偏大而另一个偏小，则称为负相关。由这种相关性所导致的方差，即为协方差。显然，计入协方差会扩大合成标准不确定度，协方差的计算既有属于 A 类评定的，也有属于 B 类评定的。

人们往往通过改变测量程序来避免发生相关性，或者使协方差减小到可以略计的程序，例如改变所使用的同一台标准等。如果两个随机变量是独立的，则它们的协方差和相关系数等于零，但反之不一定成立。

合成标准不确定度仍然是标准偏差，它表征了测量结果的分散性。所用合成方法常被称为不确定度传播律，而传播系数又被称为灵敏系数，用 c_i 表示。合成标准不确定度的自由度称为有效自由度，用 v_{eff} 表示，它表明所评定的 u_C 的可靠程度。

通常在报告基础计量学研究、基本物理常量测量、复现国际单位制单位的国际比对等测量结果时，可直接使用合成标准不确定度 $u_C(y)$，同时给出自由度 v_{eff}。

通过上述分析，测量误差与测量不确定度之间的主要区别可归纳如表 1-1 所示。

表 1-1　测量误差与测量不确定度主要区别一览表

序号	内　容	测量误差	测量不确定度
1	定义要点	表明测量结果偏离真值的大小，是一个具体数值	表明赋予被测量结果的分散性，是一个数值范围
2	分量分类	按出现于测量结果中的规律，分为随机分量和系统分量，都是无限多次测量时的理想化概念	按是否用统计方法求得，分为 A 类和 B 类，都是标准不确定度
3	可操作性	由于真值未知，只能通过约定真值求得其估计值	按实验、资料、经验评定，实验方差是总体方差的无偏估计
4	表示符号	非正即负，用正负号表示	为正值，当由方差求得时取其正平方根
5	合成方法	为各误差分量的代数和	当各分量彼此独立时为平方和根，必要时加入协方差
6	结果修正	已知系统误差的估计值时，可以对测量结果进行修正，得到已修正的测量结果	不能用不确定度对结果进行修正，在已修正结果的不确定度中应考虑修正不完善引入的分量
7	结果说明	属于给定的测量结果，只有相同的结果才有相同的误差	合理赋予被测量的任一个测量值，均具有相同的分散性
8	实验标准	来源于给定的测量结果，不表示被测量值估计的随机误差	来源于被测量的值，表示同一观测列中任一估计值的标准不确定度
9	自由度	不存在	可作为不确定度评定是否可靠的指标
10	置信概率	不存在	当了解分布时，可按置信概率给出置信区间

1.4.2　测量结果表示方法

真值反映了人们力求接近的理想目标或客观真理，本质上是不能得到的，而且量子效应也排除了唯一真值的存在。所以在表达测量结果时，通常只能用约定真值来记录，还要用测量不确定度来表征其可信范围。

通常，测量结果可以表示为

被测量 = (约定真值 ± 标准不确定度) (单位)

用数学公式表示为

$$x = [\bar{x} \pm u_C(x)] \text{ (单位)} \tag{1-16}$$

上述公式所描述的测量结果包括了数值(包括正负号)和单位两个部分，缺一不可。

在具体表示测量结果时，需要注意以下事项：

(1) 约定真值、标准不确定度、单位三者缺一不可；

(2) 标准不确定度最多取两位有效数字即可；

(3) 约定真值和不确定度二者的末位必须对齐；

(4) 约定真值和不确定度二者的单位、数量级必须统一。

[例题 1] 判断下列测量结果的表示是否正确。

(1) 用米尺测量讲桌的长为 $L = 1.535 \pm 0.005$。

答：错误，正确表示为 $L = (1.535 \pm 0.005)$ m。

(2) 用米尺测量讲桌的长为 $L = (1.5350 \pm 0.0150)$ cm。

答：错误，正确表示为 $L = (1.535 \pm 0.015)$ cm。

(3) 上题如果改写成 $L = (1.535 \pm 0.02)$ cm 对吗?

解答　错误，正确表示为 $L = (1.54 \pm 0.02)$ cm。

下面对几类常见测试结果的表示进行分析，主要包括单次测量结果表示、多次测量结果表示、间接测量结果表示、复现测量结果表示，具体说明如下。

1. 单次测量结果的表示方法

单次测量是指对某一被测量的测量只进行一次直接测量即可得到测量结果。单次测量结果可以表示为

$$被测量 = (测量值 \pm 仪器误差)\ (单位)$$

[例题 2] 用 20 分度的游标卡尺单次测量某物体的长 L，测量值为 3.750 cm。

解答　则此单次测量的结果应写为

$$L = (3.750 \pm 0.005)\ \text{cm}$$

单次直接测量是日常生活中常见的测量方式，其测量结果精度较低。

2. 多次测量结果的表示方法

多次测量是指对某一被测量的测量需进行多次直接测量才可得到测量结果。多次直接测量结果可以表示为

$$被测量 = (平均值 \pm 标准不确定度)\ 单位$$

[例题 3] 用最小分度为 0.01 mm 千分尺多次测量某圆柱体的直径 D，得到数据为 4.552 mm、4.570 mm、4.564 mm、4.578 mm、4.574 mm，写出测量结果。

解答　第一步，计算平均值，中间过程多保留一位，即

$$\overline{D} = \frac{1}{n}\sum_{i=1}^{n} D_i = \frac{1}{5}\left(4.552 + \cdots + 4.574\right) = 4.5676\ \text{mm}$$

第二步，计算合成不确定度。

A 类不确定度：

$$u_{\text{A}} = s\left(\overline{D}\right) = \sqrt{\frac{\sum\left(D_i - \overline{D}\right)^2}{n\left(n-1\right)}} = \sqrt{\frac{\left(4.552 - 4.5676\right)^2 + \cdots}{5 \times 4}} = 0.0045\ \text{mm}$$

B 类不确定度：

$$u_B = \Delta_{仪} = 0.005\ \text{mm}$$

合成不确定度：

$$u_C(D) = \sqrt{u_A^2 + u_B^2} = \sqrt{0.0045^2 + 0.005^2} = 0.0067\ \text{mm}$$

第三步，测量结果表示，即

$$D = (4.5676 \pm 0.0067)\ \text{mm}$$

或

$$D = (4.568 \pm 0.007)\ \text{mm}$$

多次直接测量是生产和科研中常见的测量方式，其测量结果精度较高。

3. 间接测量结果的表示方法

间接测量是指对某一被测量的测量需要对一个或多个中间变量进行测量，最后通过函数转换由中间变量的测量结果计算出被测量结果。

对于已测得数据$\{x_i\}$、$\{y_i\}$、$\{z_i\}$，如何利用函数关系$N=f(x，y，z)$求N。

第一步，计算并写出各直接测定量的测量结果，即

$$x = [\bar{x} \pm u_C(x)]、\ y = [\bar{y} \pm u_C(y)]、\cdots$$

第二步，将各直接测定量的算术平均值代入函数关系计算 N 的平均值

$$\bar{N} = f(\bar{x}, \bar{y}, \bar{z})$$

第三步，由函数关系推导不确定度的传递公式并计算

$$u_C(N) = \sqrt{\left[\frac{\partial f}{\partial x} u_C(x)\right]^2 + \left[\frac{\partial f}{\partial y} u_C(y)\right]^2 + \left[\frac{\partial f}{\partial z} u_C(z)\right]^2}$$

$N = f(x, y, z) = f_1(x) \bullet f_2(y) \bullet f_3(z)$时，也可采用

$$E(N) = \sqrt{\left[\frac{\partial \ln f}{\partial x} u_C(x)\right]^2 + \left[\frac{\partial \ln f}{\partial y} u_C(y)\right]^2 + \left[\frac{\partial \ln f}{\partial z} u_C(z)\right]^2}$$

$$u_C(N) = \bar{N} \cdot E(N)$$

第四步，表达测量结果，即

$$N = [\bar{N} \pm u_C(N)]\ (单位)$$

[例题 4]　测得圆柱体的高 $h = (6.715 \pm 0.005)$ cm，直径 $D = (5.645 \pm 0.008)$ mm，求圆柱体体积 V。

解答　第一步，计算 V 的平均值，即

$$\bar{V} = \frac{1}{4}\pi \bar{D}^2 \bar{h} = \frac{1}{4} \times 3.1416 \times 0.5645^2 \times 6.715 = 1.6806\ \text{cm}^3$$

第二步，直接计算 V 的不确定度，即

$$\frac{\partial V}{\partial D}=\frac{\pi h}{4}\frac{\mathrm{d}}{\mathrm{d}D}(D^2)=\frac{\pi hD}{2},\quad \frac{\partial V}{\partial h}=\frac{\pi D^2}{4}\frac{\mathrm{d}}{\mathrm{d}h}(h)=\frac{\pi D^2}{4}$$

$$\begin{aligned}u_{\mathrm{C}}(V)&=\sqrt{\left[\frac{\partial V}{\partial D}u_{\mathrm{C}}(D)\right]^2+\left[\frac{\partial V}{\partial h}u_{\mathrm{C}}(h)\right]^2}\\&=\sqrt{\left[\frac{\pi hD}{2}u_{\mathrm{C}}(D)\right]^2+\left[\frac{\pi D^2}{4}u_{\mathrm{C}}(h)\right]^2}\\&=\sqrt{\left[\frac{\pi\times6.715\times0.5645}{2}\times0.0008\right]^2+\cdots}\\&=0.0049\ \mathrm{cm}^3\end{aligned}$$

或者先求出相对不确定度，再求出不确定度。

因为

$$\ln V=\ln\pi+2\ln D+\ln h-\ln 4$$

$$\frac{\partial\ln V}{\partial D}=\frac{2}{D},\quad \frac{\partial\ln V}{\partial h}=\frac{1}{h}$$

所以

$$\begin{aligned}E(V)&=\sqrt{\left[\frac{\partial\ln V}{\partial D}u_{\mathrm{C}}(D)\right]^2+\left[\frac{\partial\ln V}{\partial h}u_{\mathrm{C}}(h)\right]^2}\\&=\sqrt{\left[\frac{2}{D}u_{\mathrm{C}}(D)\right]^2+\left[\frac{1}{h}u_{\mathrm{C}}(h)\right]^2}=\sqrt{\left[\frac{2\times0.008}{5.645}\right]^2+\cdots}=0.29\%\end{aligned}$$

$$u_{\mathrm{C}}(V)=\overline{V}\cdot E(V)=1.6806\times0.29\%=0.0049\ \mathrm{cm}^3$$

第三步，写出 V 的测量结果，即

$$V=(1.6806\pm0.0049)\ \mathrm{cm}^3$$

或

$$V=(1.681\pm0.005)\ \mathrm{cm}^3$$

4. 复现测量结果的表示方法

复现测量是改变测量条件所做的多次测量，其 A 类不确定度已经包含某些未定系统误差，因此其测量结果可表示为

被测量 = (平均值 ± A 类不确定度) (单位)

例如：已测得同一电阻两端施加不同电压 U 时产生的电流 I，求电阻的阻值 $R(R=U/I)$。

1.4.3　有效数字表示方法

1. 有效数字的概念

有效数字是指从最左边第一位非零数字算起，到含有误差的那位存疑数字为止的所有

各位数字。有效数字是测量数据中有意义的数字，它在一定程度上反映了测量误差的存在。

例如：图 1-18 中长方体的长度为 5.8 cm，则测量数据不能写成 5.857…cm。

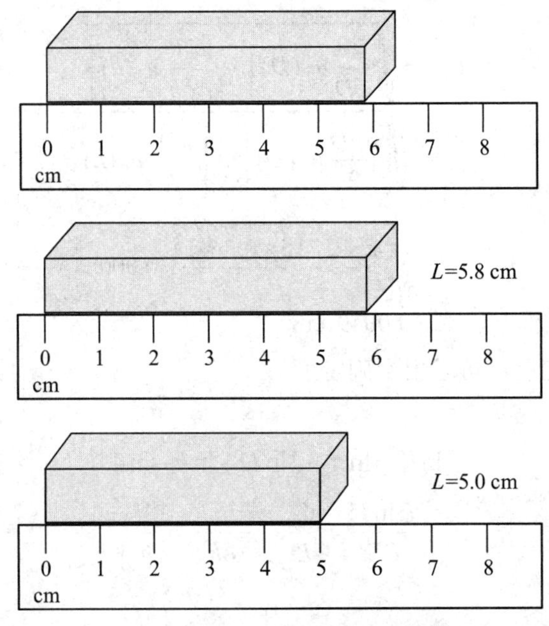

图 1-18　基于厘米尺的长方体长度测量示意图

直接测量数据的末位(可疑位，应与仪器误差位对齐)粗略表明了测量结果的不确定度，而有效数字位数的多少(取决于被测量的大小和选用仪器的精度)则大致反映了测量结果的相对不确定度，因此实际测量时即使是估读的 0 也要记下，如图 1-19 中测量案例所示。

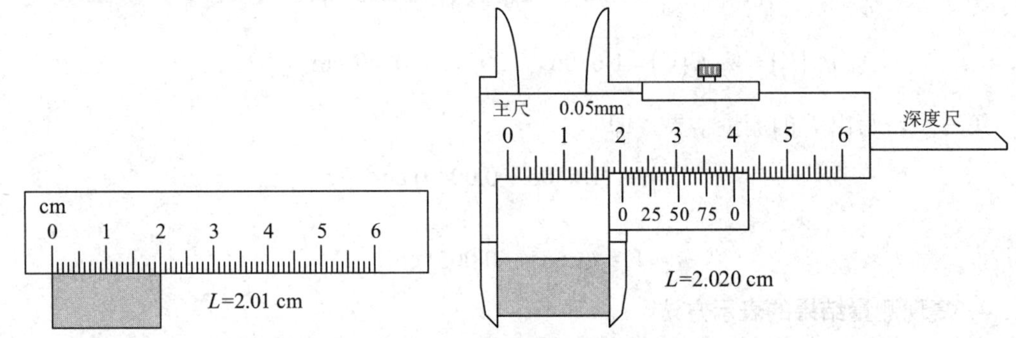

图 1-19　基于游标卡尺的长方体长度测量示意图

有效数字位与测量不确定度具有一定的关系原则上可以从有效数字的位数估计出测量不确定度，一般规定测量不确定度不超过有效数字末位单位的一半。

2. 有效位数判断

在进行测量结果有效位数的判断时，应注意以下两种情况。

1) 0 在最左边的情况

0 在最左边为非有效数字，即从最左一位非零数字到最右一位数字才算测量结果的有效位，包括中间的零。例如：

3.6120 kg　　　　(5 位)

0.03075 m (4 位)

8.0200×10^3 g (5 位)

2) 单位变化情况

有效数字不能因选用单位的变化而改变，如进行十进制单位换算时，不能改变数据的有效数字位数。例如：

$$7.050\ \text{cm} = 7.050 \times 10^4\ \mu\text{m} = 7.050 \times 10^{-2}\ \text{m} \neq 70500\ \mu\text{m} \neq 0.0705\ \text{m}$$

3. 有效数字运算

1) 加减运算

运算规则：运算结果末位(可疑位)的数量级和参与运算数据中末位数量级最高的那个相同。例如：

$$32.1 + 26.65 - 3.926 = 54.824 \approx 54.8$$

2) 乘除运算

运算规则：运算结果的有效位数与参于运算数据中有效位数最少的那个相同。例如：

$$5.348 \times 20.5 \div 37643 = 0.0029124\cdots \approx 0.00291$$

3) 其他运算

乘方、开方运算的有效位数一般与其底数的有效位数相同。自然数、常数、无理数可看成无穷多位，运算时比运算结果多保留一位。其他函数(如三角函数)运算结果的有效数字，需要用不确定度的传递公式来确定。

4. 有效数字的修约——四舍五入

测量数据中超过保留位数的数字应予以删略。删略的原则是小于五舍、大于五入、等于五求偶，具体说明如下。

(1) 删略部分最高位数字小于 5 时：后位舍去；

(2) 删略部分最高位数字大于 5 时：末位进 1；

(3) 删略部分最高位数字等于 5 时：若 5 后面有非零数字时进 1，若 5 后面全为零或无数字时，则采用求偶法则，即 5 前面为偶数时舍 5 不进，5 前面为奇数时进 1。

说明：

(1) 经过数字舍入后，末位是欠准数字，末位以前数字为准确数字，末位欠准程度不超过该位单位的一半；

(2) 决定有效数字位数的标准是其测量不确定度，并不是位数写得越多越好，写多了会夸大测量的准确度；

(3) 表示带有不确定度的数据时，有效数字的末位应和不确定度取齐，即两者欠准数字所在位数必须相同。

1.4.4 测量数据处理方法

测量数据常用的处理方法有列表法、作图法、图解法、最小二乘法等。列表法数据处理示例如表 1-2 所示，作图法数据处理示例如图 1-20 所示。

表 1-2　列表法数据处理示例

I_s / mA	2.50	5.00	7.50	10.00
U_1 / mV	−1.50	−3.00	−4.51	−6.03
U_2 / mV	1.49	2.99	4.50	6.02
U_3 / mV	−1.50	−3.00	−4.51	−6.03
U_4 / mV	1.48	2.99	4.50	6.03
U_H / mV	1.493	2.995	4.505	6.028
B / T	0.040	0.040	0.040	0.040

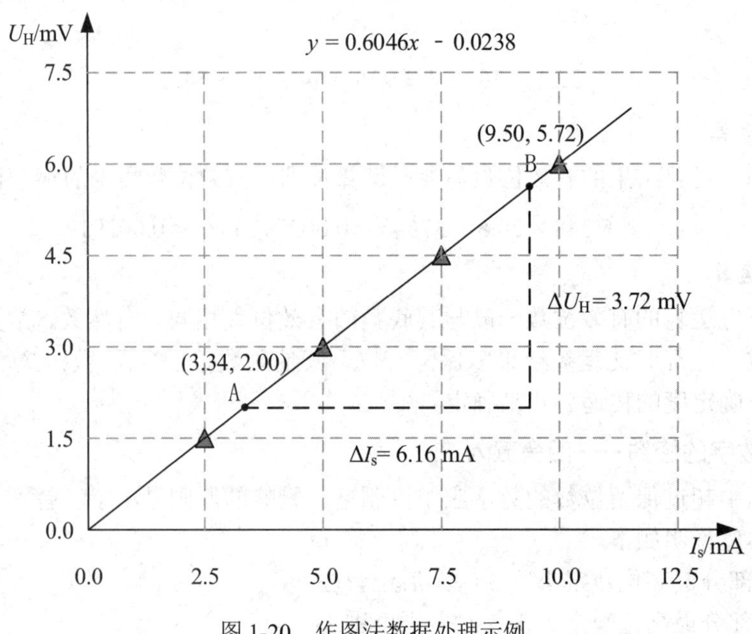

图 1-20　作图法数据处理示例

1.5　电子测量仪器概述

电子测量仪器是指利用电路技术、电子技术、计算机技术、通信技术、总线技术、网络技术、软件技术等所开发的测量装置，用以测量各类电学参数或产生用于电学参数测量的各类电信号或电源。

1.5.1　电子测量仪器主要分类

按照研制所采用的主要技术，电子测量仪器通常可分为四类：模拟仪器、数字仪器、智能仪器、虚拟仪器。

1) 按技术划分

(1) 模拟仪器。以模拟技术为主设计开发的一类电子测量仪器称为模拟仪器。

(2) 数字仪器。以数字技术为主设计开发的一类电子测量仪器称为数字仪器。

(3) 智能仪器。采用微处理器技术所设计开发的一类电子测量仪器称为智能仪器。

(4) 虚拟仪器。采用计算机技术、软件技术、通信技术等所设计开发的一类电子测量仪器称为虚拟仪器。

2) 按通用性划分

按照电子测量仪器的通用性要求，电子测量仪器通常可分为两类：通用电子测量仪器和专用电子测量仪器。

(1) 通用电子测量仪器：为了测量某一种或某一类基本电学参数而设计的测量仪器，能用于各种测量场合。

(2) 专用电子测量仪器：为了测量某一种或某一类特定电学参数而单独设计开发的非标测量仪器，通常只能用于特定的测试场合。

有关通用电子测量仪器的分类如表 1-3 所示。

表 1-3　通用电子测量仪器分类一览表

被测对象	具体参数	测试仪器	备注
电信号电学参数	电压、电流	电压表	电平测量仪器
		示波器	信号分析仪器
	功率	功率计	
	频率	频率计	频率测量仪器
电磁波特性参数	电波传输	场强计	
		电波测试接收机	
	电波干扰	电波干扰测试仪	
电子元件性能参数	电阻、电容	万用表	
	电容、电感	LCR 表	
电路系统特性参数	频率特性	频谱分析仪	网络特性测试仪器
	阻抗特性	阻抗测试仪	
	功率特性	网络分析仪	
数字电路逻辑参数	逻辑特性	逻辑分析仪	逻辑分析仪器
电子产品电磁兼容特性参数	电磁干扰特性	电磁干扰测试仪(EMI 测试仪)	电磁兼容测试仪器
	电磁兼容特性	电磁兼容测试仪(EMC 测试仪)	

本节主要对常用的通用电子测量仪器进行介绍，另外还对智能仪器和虚拟仪器进行介绍。

1. 信号发生器

信号发生器主要用来提供测量过程中所需要的各类信号源，如正弦波、方波、三角波、随机噪声信号等。常见的信号发生器主要有正弦信号发生器、函数信号发生器、任意波形发生器等。图 1-21 所示为某型号函数信号发生器实物图。

2. 电平测量仪器

电平测量仪器主要用来测量各类电信号的电压、电流值。常见的电平测量仪器主要有电压表、万用表等。图 1-22 所示为某型号数字万用表实物图。

图 1-21　函数信号发生器

图 1-22　数字万用表

3. 信号分析仪器

信号分析仪器主要用来观测、分析和记录各类电信号电学参数的变化情况。常见的信号分析仪主要有示波器、波形分析仪等。图 1-23 所示为某型号数字示波器实物图，图 1-24 所示为某型号波形分析仪实物图。

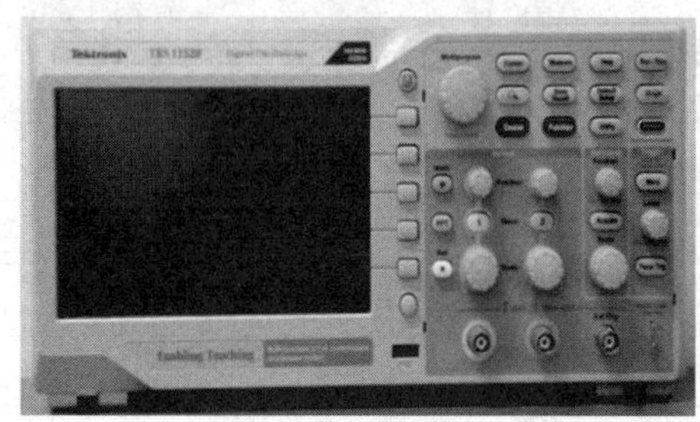

图 1-23　数字示波器

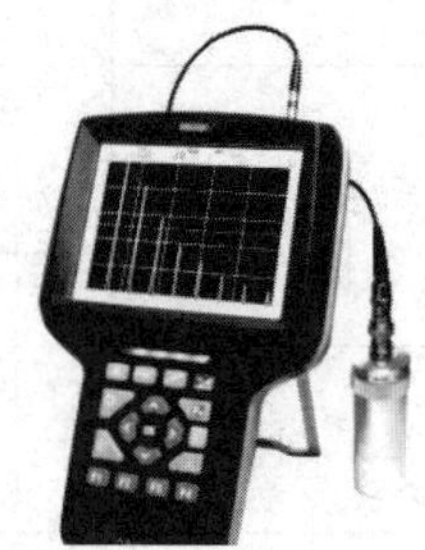

图 1-24　波形分析仪

4. 频率测量仪器

频率测量仪器主要用来测量各类电信号的频率、时间间隔和相位差等特性参数。常见的频率、时间和相位测量仪器主要有频率计、相位计、波长表等。图 1-25 所示为某型号数字频率计实物图，图 1-26 所示为某型号数字功率计实物图。

图 1-25　数字频率计

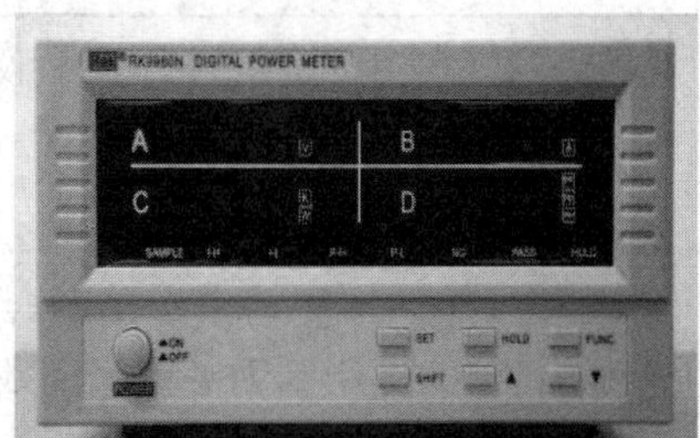

图 1-26　数字功率计

5. 网络特性测量仪器

网络特性测量仪器主要用来测量电气网络的频率特性、阻抗特性、功率特性等电学特性。常见的网络特性测量仪器主要有频谱分析仪、阻抗测试仪、网络分析仪等。图 1-27 所示为某型号频谱分析仪实物图，图 1-28 所示为某型号网络特性测量仪实物图。

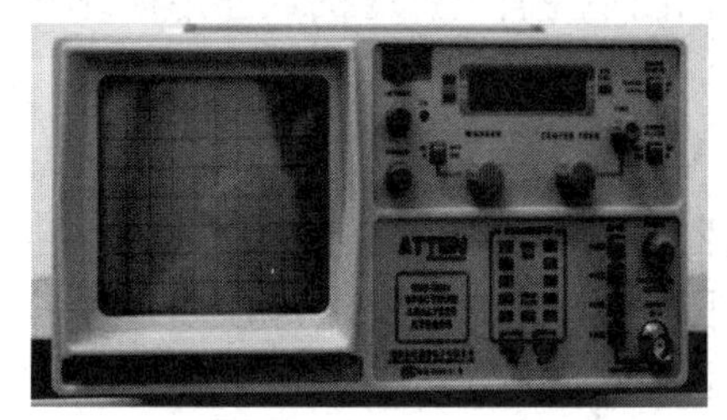

图 1-27　频谱分析仪

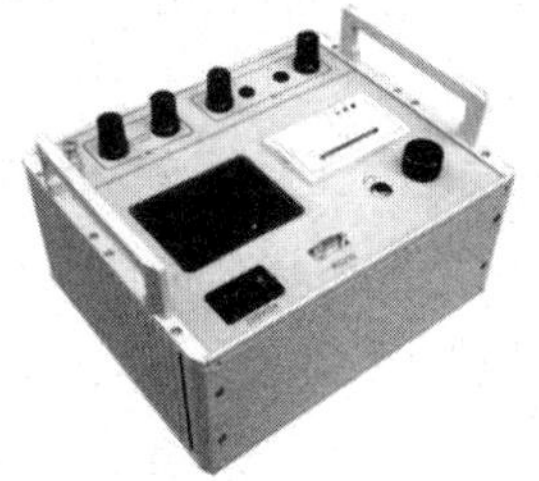

图 1-28　网络特性测量仪

6. 逻辑分析仪器

逻辑分析仪专门用于测试各类数字系统的数据逻辑关系。图 1-29 所示为某型号逻辑分析仪实物图。

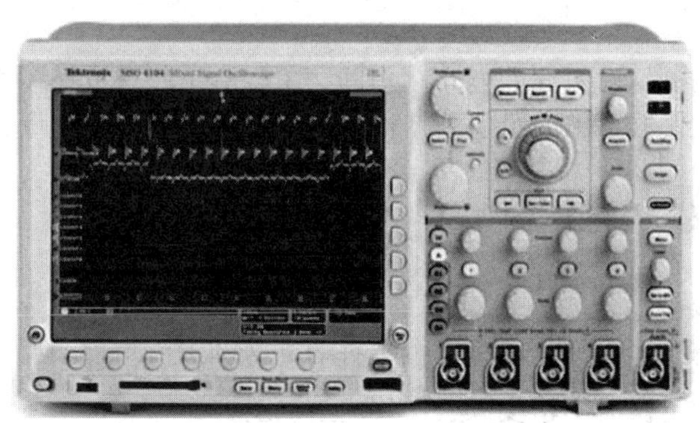

图 1-29　逻辑分析仪

7. 电磁兼容测试仪器

电磁兼容测试仪器可以对电波信号特性及电子产品的电磁兼容特性进行测量和分析。

8. 辅助仪器

辅助仪器主要用于配合上述各种仪器对信号进行放大、检波、隔离、衰减，以便使这些仪器更充分地发挥作用。常见辅助仪器主要有交直流放大器、选频放大器、检波器、衰减器、记录器等。

9. 智能仪器

智能仪器是指将传统仪器与数字技术、计算机技术等相结合，使其具有数据处理、分析、显示、通信等能力的一类新型仪器。

10. 虚拟仪器

虚拟仪器是指将传统仪器与计算机技术、总线技术、网络技术等相结合，用软件程序实现其主要功能的一类仪器。

通过虚拟仪器平台用户可以方便的定义自己所需的仪器功能，通过软件开发来实现仪器功能。用户可以通过虚拟仪器构建自动测试系统，这是未来测试仪器的重要发展方向。

1.5.2 电子测量仪器误差分析

在电子测量中，由于电子测量仪器本身性能不完善所产生的误差，称为电子测量仪器的误差。

1. 固有误差、工作误差和稳定误差

固有误差是指在基准工作条件下测量仪器的误差。基准工作条件是指一组有公差的基准值，如环境温度 20℃±2℃；或有基准范围的影响量，如温度、湿度、气压、电源等环境条件。

在额定工作条件内任一值上测得的某一性能特性的误差称为工作误差。

由于测量仪器稳定性不好引起性能特性的变化产生的误差称为稳定误差。通常，由于元器件老化使仪器性能对供电电源或环境条件敏感，造成零点漂移或读数变化等属于稳定误差。

2. 变动量

变动量是反映影响量所引起的误差。当同一个影响量相继取两个不同值时，对于被测量的同一数值，测量仪器给出的示值之差称为电子测量仪器的变动量。

1.5.3 电子测量仪器性能指标

1. 精度

精度是指测量仪器的测量结果与被测量真值一致的程度。通常，测量仪器的精度高表明其测量误差小；测量仪器的精度低表明其测量误差大。

2. 稳定性

稳定性通常用稳定度和影响误差来表示。稳定度是指在规定的时间内，其他外界条件恒定不变的情况下，测量仪器示值变化的大小。影响误差是由于电源、电压、频率、环境温度、湿度、气压等外界变化造成的测量仪器示值的变化量。

3. 灵敏度

灵敏度表示测量仪器对被测量最小变化的敏感程度，也称作分辨力或分辨率。分辨力是指测量仪器能区分的被测量的最小变化量，规定分辨力为允许绝对误差的 1/3。

4. 线性度

如果自变量 x 与因变量 y 之间的函数 $y=f(x)$ 是 $y-x$ 平面上过原点的直线，则称 x 与 y 之间为线性特性，否则称 x 与 y 之间为非线性特性。

5. 动态特性

动态特性表示仪器的输出响应随输入变化的能力。例如：模拟示波器垂直偏转系统由于输入电容等因素的影响，造成输出波形对输入信号的滞后及畸变，模拟示波器的瞬态响应就表示了其动态特性。

1.5.4　电子测量仪器使用方法

在使用各类电子测量仪器进行测试时，为了保证不出现人身安全、仪器损坏及测量结果错误等情况，操作人员需要按照产品要求进行正确操作，确保顺利完成测试任务，给出有效测试结果。

在使用各类电子测量仪器的过程中，需要注意以下几点。

1. 仪器仪表使用环境

仪器仪表的通常使用环境规定如下：

(1) 温度：20℃ ± 5℃；

(2) 相对湿度：40%～70%；

(3) 电源电压：通常波动小于 10%，精密仪器仪表的电源电压波动小于 5%；

(4) 其他环境：通风。

2. 仪器仪表维护措施

仪器仪表的基本维护措施主要有以下几个方面。

(1) 防尘与去尘；

(2) 防潮与驱潮；

(3) 放热与排热；

(4) 防震与防松；

(5) 防腐蚀；

(6) 防漏电。

3. 仪器使用注意事项

仪器仪表的使用注意事项主要有以下几个方面。

(1) 仪器的正确选用和连接；

(2) 仪器开机前注意事项；

(3) 仪器开机后注意事项；

(4) 仪器使用时注意事项；

(5) 仪器使用后注意事项。

4. 仪器仪表计量检定

为了正确地使用仪器仪表，保证其测量结果的准确性，除了掌握其技术性能和使用方法外，还必须要对其进行定期检定和校准。通常需进行周期检定、修理检定和验收检定。

本 章 总 结

本章首先介绍了测量技术的进展，电子测量的意义、内容、特点；然后详细介绍了电子测量方法的分类、测量误差的基本概念、测量结果的表示方法；最后介绍了电子测量仪器的主要分类、误差分析、性能指标及使用方法。

有关本章内容总结见下面各图所示，其中图 1-30 为电子测量方法分类总结，图 1-31 为测量误差表示方法总结，图 1-32 为测量误差来源总结，图 1-33 为测量误差分类总结，图 1-34 为电子测量仪器分类总结，图 1-35 为通用电子测量仪器分类总结。

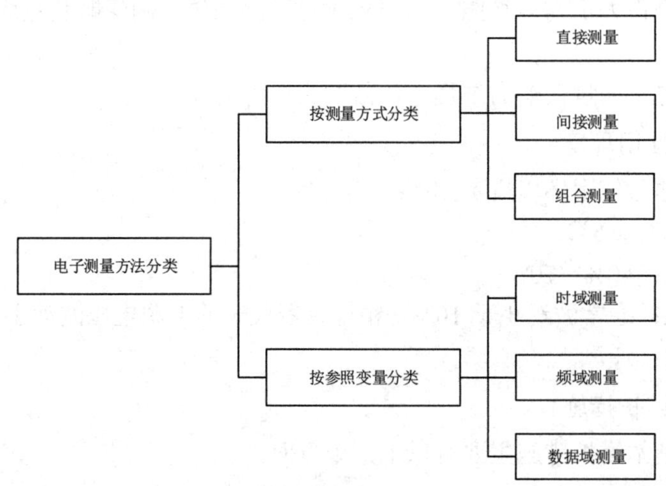

图 1-30　电子测量方法分类总结

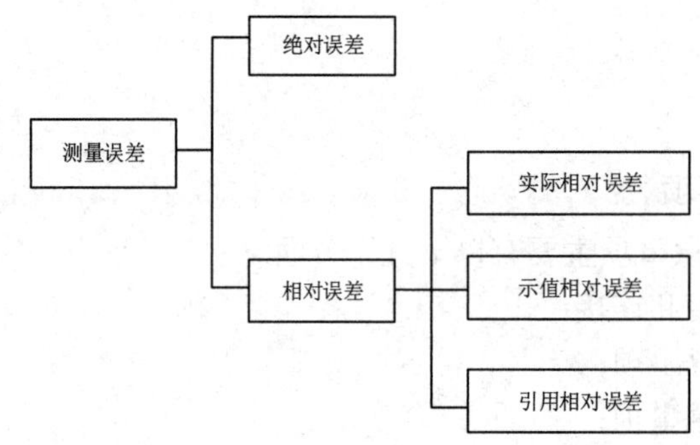

图 1-31　测量误差表示方法总结

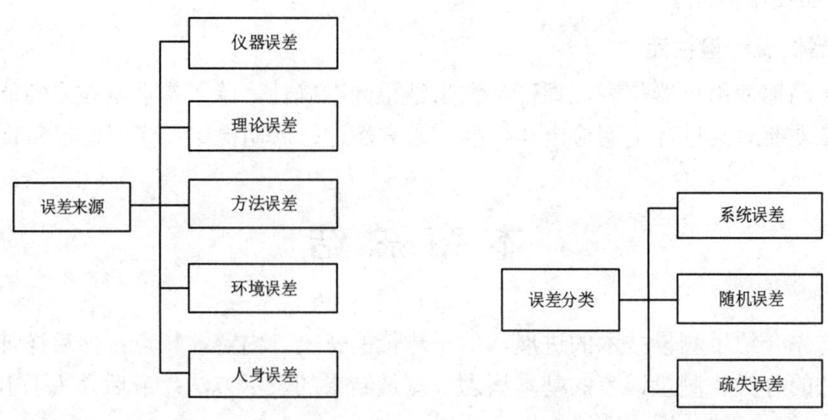

图 1-32　测量误差来源总结　　图 1-33　测量误差分类总结

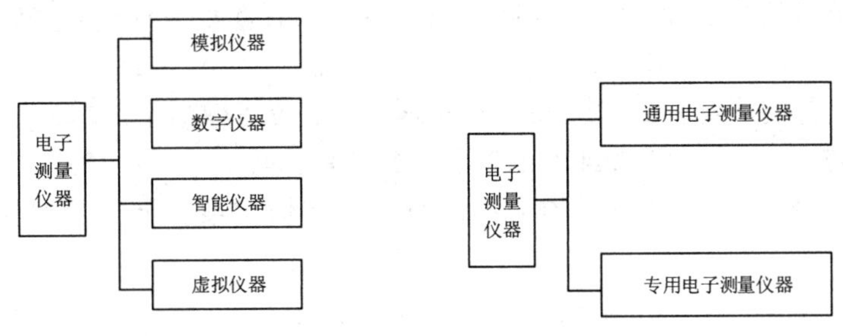

(a) 按照采用主要技术分类　　(b) 按照通用性要求分类

图 1-34　电子测量仪器分类总结

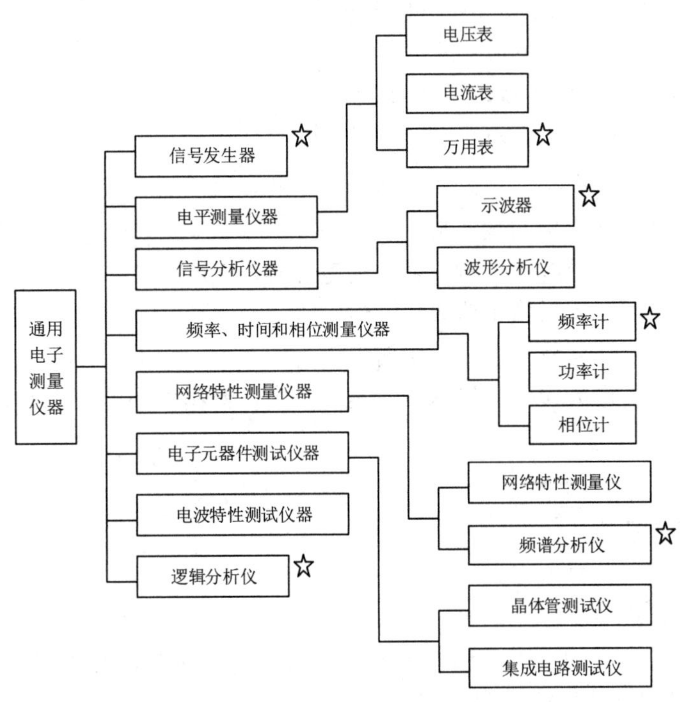

注：带有☆符号的电子测量仪器在本章后续章节有详细介绍。

图 1-35　通用电子测量仪器分类总结

课 后 习 题

1. 选择题(单项选择题)

(1) 在测量中，绝对误差与其真值之比称为_____。

A. 示值误差　B. 随机误差　C. 相对误差　D. 引用误差

(2) 仪表指示值与实际值之间的差值称为_____。

A. 绝对误差　B. 相对误差　C. 示值相对误差　D. 引用误差

(3) 仪器仪表的准确度等级通常是用_____来表示。

A. 绝对误差　B. 相对误差　C. 示值相对误差　D. 引用相对误差

(4) 测得信号的频率为 0.0760 MHz，这个数字的有效数字有_____位。

A. 三　B. 四　C. 五　D. 六

(5) 测得信号的周期为 2.4751 μs，经整理保留三位有效数字，即为_____。

A. 2.47 μs　B. 2.475 μs　C. 2.48 μs　D. 2.475 1μs

(6) 一定条件下，测量结果的大小及符号保持恒定或按照一定规律变化的误差称为_____。

A. 系统误差　B. 随机误差　C. 粗大误差　D. 绝对误差

(7) 测量为 8 mA 的电流时，若希望误差不超过 0.2 mA，则最好选用下列哪项方案？_____。

A. 在 1.5 级电流表的 100 mA 量程上测量

B. 在 5.0 级电流表的 10 mA 量程上测量

C. 在 2.5 级电流表的 10 mA 量程上测量

D. 在 2.5 级电流表的 100 mA 量程上测量

2. 判断题(正确的在后面括号内打√、错误的打×)

(1) 测量结果就是指被测量的数值量。(　)

(2) 测量结果的绝对误差越小，测量结果就越准确。(　)

(3) 测量结果的绝对误差与修正值等值同号。(　)

(4) 测量结果的绝对误差就是误差的绝对值。(　)

(5) 在测量过程中，粗大误差又称偶然误差，是由仪器精度不够产生的。(　)

3. 简答题

(1) 什么是测量？

(2) 什么是电子测量？

(3) 电子测量有哪些主要内容？

(4) 电子测量有哪些主要特点？

(5) 根据测量误差性质的不同，误差可分为几类？各类误差有何特点？采取何种措施可以减小这些误差对测量结果的影响？

4. 计算题

(1) 电压表的测量上限为 400 V，在示值 350 V 处的实际示值为 345 V，分别求该示值的绝对误差、相对误差和修正值。

(2) 用量程为 10 mA 的电流表测量实际值为 8.04 mA 的电流，电流表的读数为 8.19 mA，试求测量的绝对误差、示值相对误差和引用相对误差。

第 2 章　信号发生器

信号发生器是一类最早出现的、应用广泛的电子测量辅助仪器。尽管信号发生器不能用于直接测量，但是在各类电子测量中都需要使用它。

本章首先介绍信号发生器的发展历程、主要类型及主要用途；然后详细分析信号发生器的基本结构及工作原理、信号发生器的主要技术指标；最后介绍信号发生器的使用注意事项、信号发生器的典型产品选型。

2.1　信号发生器概述

信号发生器又称信号源，是指能产生不同频率、不同幅度、规则的或不规则的波形信号的电子测量仪器，其广泛应用于试验、测量、校准和维修等场合，是电子测量中最常用的仪器之一。

2.1.1　发展历程

随着电路技术、通信技术及雷达技术的发展，信号发生器随之出现并逐步发展起来。信号发生器的发展主要经历了以下几个阶段。

(1) 20 世纪 20 年代，随着各类电子设备的发展，出现了简单的信号发生器。

(2) 20 世纪 40 年代，出现了主要用于测试各种接收机的标准信号发生器，信号发生器从定性分析的测试仪器发展成为定量分析的测试仪器，同时还出现了可用来测量脉冲电路或用作脉冲调制器的脉冲信号发生器。

(3) 20 世纪 60 年代，晶体管技术被应用于信号发生器的生产，出现了全晶体管信号发生器，之后信号分析与处理技术迅速发展，出现了函数信号发生器。这个时期的信号发生器主要采用模拟电子技术，由分立元件或模拟电路构成，其电路结构复杂，仅能产生正弦波、方波、锯齿波和三角波等几种简单波形。

(4) 20 世纪 70 年代，随着微处理器、模/数转换器和数/模转换器等数字电子技术的发展，信号发生器的功能有了实质性扩展。此时的函数信号发生器可以产生比较复杂的波形，且信号发生器的功能多以软件实现为主，可以方便地产生各种函数信号波形。

(5) 20 世纪 80 年代，随着数字技术的日益成熟，绝大部分信号发生器不再使用模拟电路而采用数字电路，从一个频率基准发展到由数字合成电路产生可变频率信号。

(6) 20 世纪 90 年代末，出现了几种真正高性能的函数信号发生器。美国惠普公司推出了型号为 HP 770S 的信号模拟系统，它是由 HP 8770A 任意波形数字系统和 HP 1770A 波形发生软件组成的。

信号发生器发展至今，从产品类型上讲，经历了从正弦信号发生器、合成信号发生器、函数信号发生器到任意波形发生器的发展阶段；从技术实现上讲，经历了从模拟信号发生器到数字信号发生器的发展过程。

当前，信号发生器主要以数字技术为主要实现方式，常见的有函数信号发生器及任意波形发生器等，它们不仅具有传统模拟信号发生器所具有的各种功能，还代表着信号发生器的未来发展方向。

信号发生器的主要发展历程如图 2-1 所示。

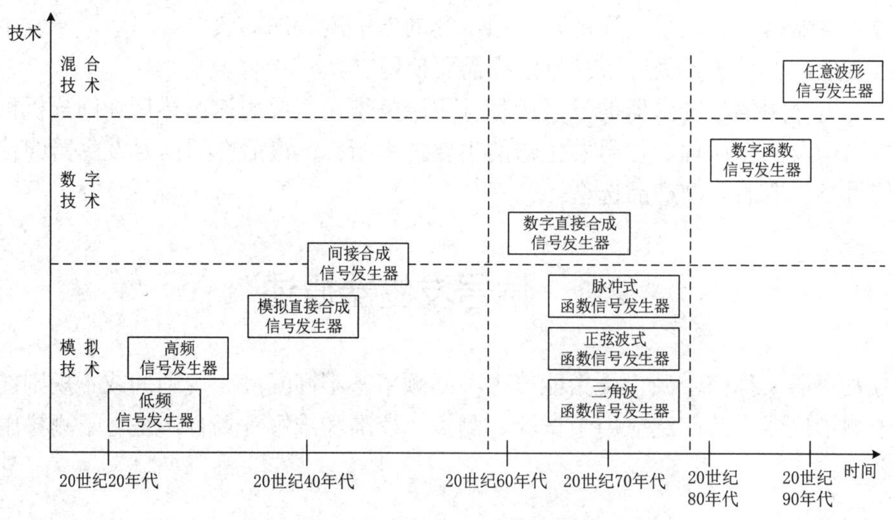

图 2-1　信号发生器发展历程

2.1.2　主要类型

信号发生器有着多种不同的分类方法，常见的有按照开发技术、性能指标、输出波形、调制方式等分类方法。

按开发技术，可分为正弦信号发生器、合成信号发生器、函数信号发生器以及任意波形发生器；按性能指标，可分为普通信号发生器、标准信号发生器；按输出波形，可分为正弦信号发生器和非正弦信号发生器(如脉冲信号发生器、函数信号发生器、任意波形信号发生器等)；按调制方式，可分为调频信号发生器、调幅信号发生器、调相信号发生器、脉冲调制信号发生器。

下面按开发技术对各类信号发生器进行介绍。

1. 正弦信号发生器

正弦信号发生器是最早出现的、应用最广的一类信号发生器，采用了模拟电路技术进行产品设计开发，主要用于产生不同频率、不同幅度的正弦信号，用以测量电路系统的频率特性、非线性失真等。

按其频率覆盖范围可分为低频信号发生器、高频信号发生器；按其输出电平可调节范围和稳定度可分为简易信号发生器(即信号源)、标准信号发生器(输出功率能准确地衰减到−100 分贝毫瓦以下)和功率信号发生器(输出功率达数十毫瓦以上)；按频率改变的方式可分为调谐式信号发生器、扫频式信号发生器、程控式信号发生器和频率合成式信号发生器等。

下面对低频信号发生器和高频信号发生器进行简要说明。

1) 低频信号发生器

低频信号发生器通常是指频率范围在 200 Hz～20 kHz(音频)及 1 Hz～10 MHz(视频)的正弦信号发生器，其主振级一般采用 RC 振荡器，也可采用差频振荡器。图 2-2 所示为某型号低频信号发生器实物图。

2) 高频信号发生器

高频信号发生器通常是指频率范围在 100 kHz～30 MHz(高频)及 30～300 MHz(甚高频)的正弦信号发生器，其主振级一般采用 LC 振荡器，频率可由调谐电容器的度盘刻度读出。其输出信号可用内部或外加的低频正弦信号进行调幅或调频。图 2-3 所示为某型号高频信号发生器实物图。

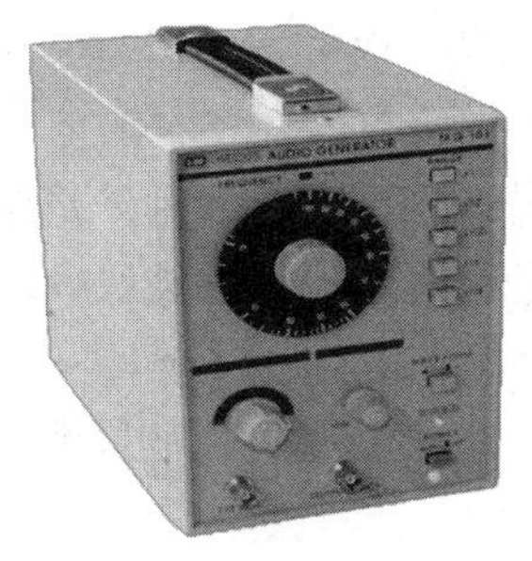

图 2-2　低频信号发生器

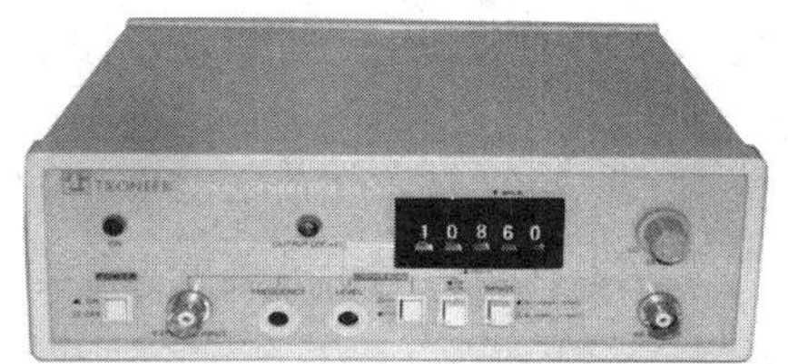

图 2-3 高频信号发生器

2. 合成信号发生器

合成信号发生器是在正弦信号发生器的基础上发展起来的一类新型信号发生器，其主要特点是采用了频率合成技术，用频率合成器替代了正弦信号发生器中的主振器，从而可以方便地产生精度更高、稳定度更高、波形更丰富的各种波形信号，以满足被测电路对各类特定参数的电信号的需要。图 2-4 所示为某型号合成信号发生器实物图。

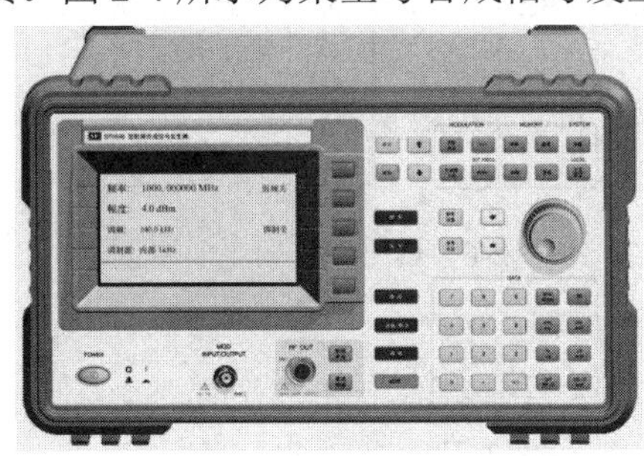

图 2-4　合成信号发生器

按照频率合成器技术实现方式的不用，合成信号发生器又可分为模拟直接合成信号发生器、间接合成信号发生器及数字直接合成信号发生器三类。

3. 函数信号发生器

函数信号发生器是一类在合成信号发生器的基础上发展起来的信号发生器，它能产生某些特定波形(如正弦波、方波、三角波、锯齿波和脉冲波等)的信号。频率范围可以从几微赫兹的超低频直到几十兆赫兹。图 2-5 所示为某型号函数信号发生器实物图。

图 2-5　函数信号发生器

按照函数信号发生器技术实现方式的不同，又可将其分为模拟式函数信号发生器和数字式函数信号发生器两类。

4. 任意波形发生器

任意波形发生器是在函数信号发生器的基础上发展起来的信号发生器，它不仅具有一般信号发生器的波形输出能力，还可以仿真实际电路测试中所需的任意波形信号。

任意波形发生器通常利用计算机输出波形数据，通过计算机中的专用波形编辑软件生成波形，这样有利于扩充仪器能力。另外，内置一定数量的非易失性存储器，随机存取波形数据，有利于后续分析对比。

任意波形发生器在波形输出准确度、稳定度等方面都有较大提高，是最新一代信号发生器。

2.1.3　主要用途

信号发生器的主要用途是为电子测量提供各种波形信号，如图 2-6 所示，具体分为下面三类。

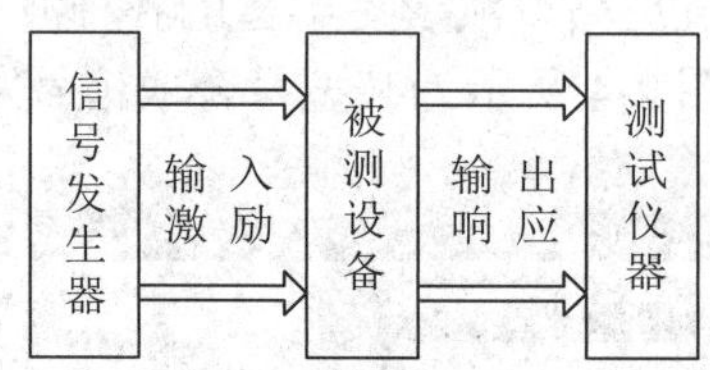

图 2-6　信号发生器主要用途

1. 激励信号源

当需要给电气设备提供输入信号以激励其工作时，如激励扬声器发出声音等，则需要用到信号发生器，这时信号发生器可用作激励信号源。

2. 仿真信号源

当需要测试电气设备在某种信号环境下所受到的影响时，如高频干扰等，则需要施加与实际环境相同特性的信号，此时需用到信号发生器，这时信号发生器可用作仿真信号源。

3. 标准信号源

当需要对电气设备进行校准时，如电气设备时间校准等，则需要提供高精度的时间等信号，此时需要用到信号发生器，这时信号发生器可用作标准信号源。

2.2　信号发生器基本结构及工作原理

正弦信号发生器、合成信号发生器及函数信号发生器是信号发生器的典型产品，代表了其主要技术发展过程，本节将对这三类信号发生器的基本结构及工作原理进行分析。

2.2.1　正弦信号发生器

正弦信号发生器主要用于电子技术、通信技术、自动控制等领域产品设计开发过程中的测试、试验和分析。按其输出信号频率的不同，通常分为低频正弦信号发生器(简称低频信号发生器)和高频正弦信号发生器(简称高频信号发生器)。下面对低频信号发生器和高频信号发生器的基本组成及工作原理进行分析。

1. 低频信号发生器

低频信号发生器通常产生 1 Hz～1 MHz 的低频正弦信号，在模拟电子线路与系统设计、电子线路测试和维修等工作中得到广泛应用，另外也可用作高频信号发生器的外调制信号源。

低频信号发生器的基本组成如图 2-7 所示，各组成部分具体作用说明如下。

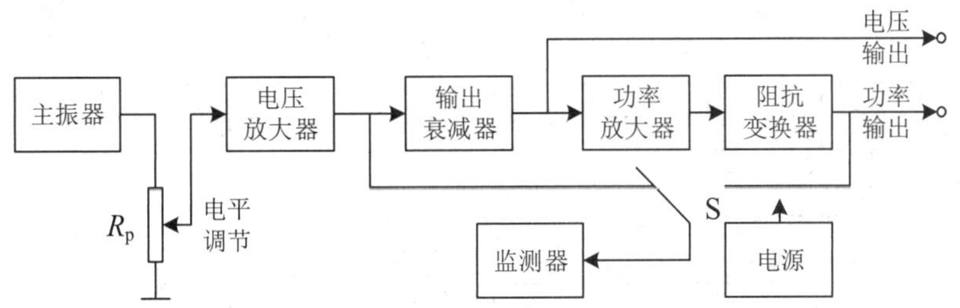

图 2-7　低频信号发生器基本组成框图

1) 主振器

主振器主要用来产生频率可调的低频正弦波信号，其振荡频率范围即为信号发生器的有效频率范围。主振器是低频信号发生器的核心部件，通常采用 RC 振荡器，尤其以文氏电桥振荡器为多。

2) 电压放大器

电压放大器主要用来放大主振器产生的微弱振荡信号，满足信号发生器对输出信号幅度的要求，同时将振荡器与后续电路进行隔离，防止因输出负载变化而影响振荡器频率的稳定。

为了保证输出信号不失真，通常要求电压放大器具有输入阻抗高、输出阻抗低、频率范围宽、非线性失真小等性能。

3) 输出衰减器

输出衰减器主要用来调节输出电压，使之达到所需的幅值，也可增加输出信号幅度控制的灵活度。为了方便衰减控制，通常在低频信号发生器中采用连续衰减器和步进衰减器相配合的衰减方式。

4) 功率放大器

功率放大器的主要作用是为信号发生器提供足够大的输出功率，即放大电压、电流的输出能力。为了保证输出信号不失真，通常要求功率放大器具有频率范围宽、非线性失真小等性能。

5) 阻抗变换器

阻抗变换器实际上是变压器，其主要作用是使输出阻抗与负载阻抗相等，使输出端连接不同的负载时都能得到最大的输出功率。

阻抗变换器的连续调节(也称细调)由电位器实现，步进调节(也称粗调)由电阻分压器实现。

6) 监测器

监测器主要用作信号源输出电压或输出功率大小的检测和显示。

除了上述主要部分，低频信号发生器通常还包括电源模块等部分。

2. 高频信号发生器

高频信号发生器通常产生 100 kHz～300 MHz 的高频正弦信号，可为各种高频电子设备和电路提供高频正弦信号，完成相关电气性能测试，如各种接收机的灵敏度等。

高频信号发生器的基本组成如图 2-8 所示，各主要组成部分具体作用说明如下。

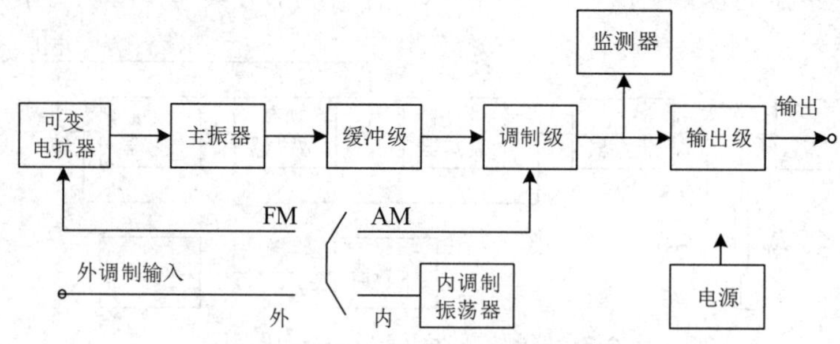

图 2-8　高频信号发生器基本组成框图

1) 可变电抗器

在高频信号发生器中，可变电抗器用来与主振器的谐振电路耦合，使主振器产生调频信号，通常采用变容二极管调频电路。

2) 主振器

主振器主要用来产生频率可调的高频正弦波信号，其振荡频率范围即为信号发生器的有效频率范围，是高频信号发生器的核心部件，通常采用 LC 振荡器。

3) 缓冲级

缓冲级的作用是放大主振器输出的高频信号，隔离主振器与后续电路，以提高振荡频率的稳定性。

4) 调制级

实现用外调制信号或内调制信号对主振信号调幅，输出调幅信号，满足某些测量需要。外调制信号通过仪器面板上的接线柱接入。外调制信号和内调制信号的切换通过控制开关控制。

5) 内调制振荡器

内调制振荡器产生并输出内调制信号，通常由 RC 振荡器构成，其信号频率通常为 400 Hz 和 1000 Hz 两种。

6) 输出级

输出级的作用有：放大、衰减调制级的输出信号，使信号发生器有足够的电平调节范围；滤除不需要的频率分量；保证输出端有固定的输出阻抗(50 Ω)。输出级通常由放大器、滤波器和粗细衰减器等组成。为了适应不同的使用条件，要求输出电平既能步进衰减，又能连续衰减。

除了上述主要部分，高频信号发生器也包括电源模块等部分。

2.2.2　合成信号发生器

随着科技发展的需要，对波形信号的频率稳定度和准确度等技术指标提出了越来越高的要求，普通的正弦信号发生器已不能有效地满足实际需要，而合成信号发生器的出现则解决了上述问题。合成信号发生器用频率合成器替代正弦信号发生器中的主振器，频率合成器以高稳定度石英振荡器作为标准频率源，利用频率合成技术形成所需要的任意频率信号，具有与标准频率源相同的频率准确度和稳定度。

合成信号发生器主要由晶体振荡器、频率合成单元、调制单元、电平控制单元等部分组成，既具有信号发生器的良好输出特性和调制特性，又具有频率合成器的高稳定度、高分辨率和频率转换速度快的优点，同时其输出信号的频率、电平、调制深度等均可程控。其广泛应用在科研、生产、计量等部门。

通用信号源与合成信号源的主要技术指标区别较大，具体如表 2-1 所示。

表 2-1　通用信号源与合成信号源技术指标一览表

信号源	主振级	频率准确度	频率稳定度
通用信号源	RC 振荡器 LC 振荡器	10^{-2}量级	10^{-3}～10^{-4}量级
合成信号源	晶体振荡器	10^{-8}量级	10^{-7}量级

频率合成的方法分为模拟直接合成法、间接合成法(锁相合成技术)、数字直接合成法三种。

1. 模拟直接合成法

模拟直接合成法是将一个或多个基准频率通过倍频、分频、混频技术实现算数运算(加、减、乘)，合成所需要的频率，并用窄带滤波器将其选出。

模拟直接频率合成器主要由晶体振荡、加法、乘法、滤波和放大等电路组成，频率转换速度快(μs 级)，频谱纯度高，但电路复杂，需要大量的混频器、分频器和窄带滤波器，体积大、价格高、难以集成化，且其最高输出频率只能达到 1000 MHz 左右。

2. 间接合成法

间接合成法又称为锁相合成法，它利用标准频率源通过锁相环控制电调谐振荡器(在环路中同时能实现倍频、分频和混频)，最终产生并输出所需的各种频率信号。

锁相就是自动实现相位同步，而锁相环是指能够完成两个电信号相位同步的自动控制系统。基本锁相环由鉴相器(PD)、低通滤波器(LPF)、压控振荡器(VCO)等组成。

间接合成法中的锁相环具有滤波作用，其通带可做得很窄，并且其中心频率易调，又能自动跟踪输入频率，因而可以省去模拟直接合成法中的混频器、分频器及滤波器的大量使用，有利于简化结构、降低成本。其不足之处是：由于受到锁相环锁定过程的限制，因此频率转换速度较慢，在 ms 级这一范围内。

3. 数字直接合成法

数字直接合成法突破了前面两种频率合成法的原理，从相位概念出发进行频率合成。这种合成方法不仅可以给出不同频率的正弦波，而且还可以给出不同的初始相位，甚至可以输出任意波形，是信号发生器的一种发展方向。由此产生了数字函数信号发生器，具体在 2.2.3 小节函数信号发生器中进行说明。

下面以合成正弦波信号为例，给出数字直接合成法的工作流程，如图 2-9 所示。

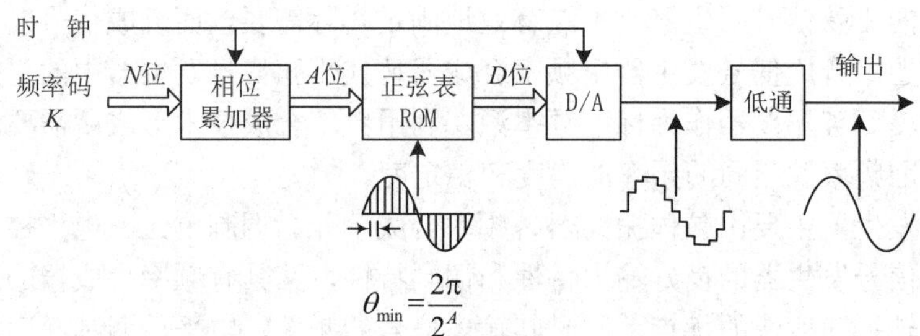

$$\theta_{\min}=\frac{2\pi}{2^A}$$

图 2-9　数字直接合成法原理图

具体合成过程如下所述。

第一步：一个周期的正弦波按相位进行离散处理。如离散点数为 A 位二进制数，则可将该周期信号分成 2^A 个间隔点，于是可得到两个离散点之间的间隔为 $\theta_{\min}$。

第二步：求出各离散点的正弦函数值，并用 D 位二进制数表示，之后将这些数值依次写入 ROM 中，构成一个正弦表。

第三步：在标准时钟作用下，相位累加器按一定时间间隔 K 递增，其输出 A 位二进制数作为地址码对正弦表 ROM 中的存储单元寻址。

第四步：正弦表 ROM 输出相应相位点的正弦函数值(D 位二进制数)，经 D/A 转换器转换为阶梯状正弦波。

第五步：低通滤波器对阶梯正弦波信号进行平滑滤波处理，便可输出正弦波信号。

直接数字合成法基于大规模集成电路和计算机技术，是适用于函数波形和任意波形的信号发生器。

有关上述三种合成方法的比较如表 2-2 所示。

表 2-2　三种合成方法比较一览表

合 成 方 法	速　度	最高工作频率	主 要 特 点
模拟直接合成法	μs 级	100 MHz	硬件电路复杂
数字直接合成法	μs 级	300 MHz	可得任意波形
间接(锁相)合成法	ms 级	100 GHz(微波)	频谱纯度好

2.2.3　函数信号发生器

随着科技的发展和实际应用的需要，出现了一类能够产生正弦波、方波、三角波等可以应用三角函数方程式表示的波形信号的信号发生器，称之为函数信号发生器。

函数信号发生器的发展经历了模拟式和数字式两个阶段，下面将分别按此对其基本结构及工作原理进行分析和说明。

1. 模拟函数信号发生器

模拟函数信号发生器是利用模拟电子电路技术，通过对各类信号发生器的信号转换，得到正弦波、方波及三角波等信号波形。

1) 脉冲式函数信号发生器

脉冲式函数信号发生器由方波信号产生三角波、正弦波等波形信号，其硬件电路基本组成如图 2-10 所示，主要由脉冲发生器、施密特触发器、积分器和正弦波转换器等构成。

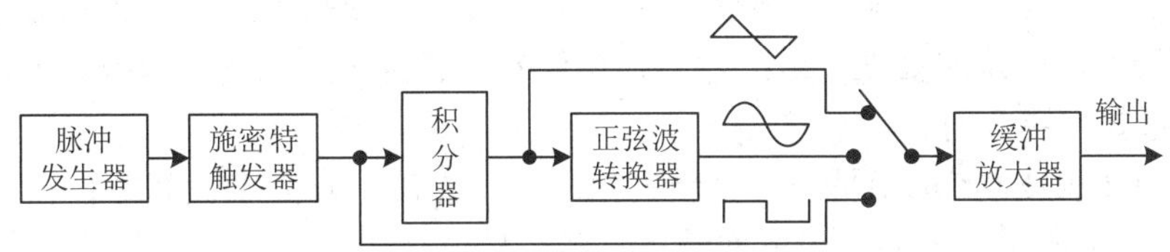

图 2-10　脉冲式函数信号发生器基本组成框图

其基本工作原理是：脉冲式函数信号发生器首先产生脉冲信号，然后由施密特触发器变换成方波信号，方波信号经积分器形成三角波信号，三角波信号经正弦波转换器转换成正弦波信号。

缓冲放大器通过开关选择信号的波形。缓冲级接在选择开关和放大器之间，可减小放大器对前级的影响。

2) 正弦波式函数信号发生器

正弦波式函数信号发生器由正弦波产生方波和三角波信号，其硬件电路基本组成如图 2-11 所示，主要由正弦波发生器、微分电路、方波形成电路、三角波形成电路和缓冲放大器等构成。

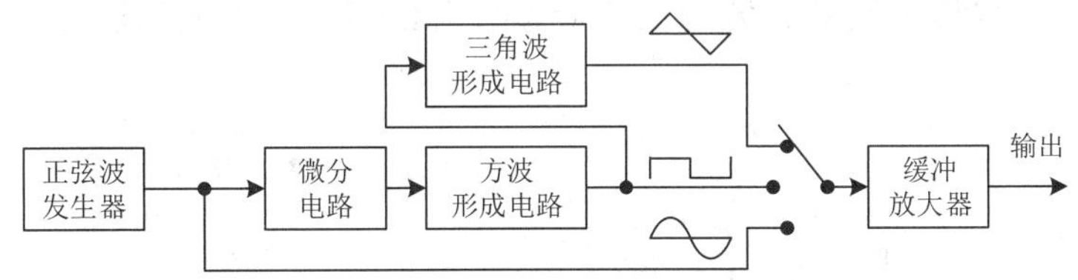

图 2-11　正弦波式函数信号发生器基本组成框图

其基本工作原理是：正弦波式函数信号发生器首先产生正弦信号，经微分电路、方波形成电路(单稳态触发电路)形成脉冲宽度可调的方波信号，方波信号经三角波形成电路产生三角波信号。

3) 三角波式函数信号发生器

三角波式函数信号发生器由三角波产生方波和正弦波信号，其硬件电路基本组成如图

2-12 所示，主要由三角波发生器、方波形成电路、正弦波形成电路和缓冲放大器等构成。

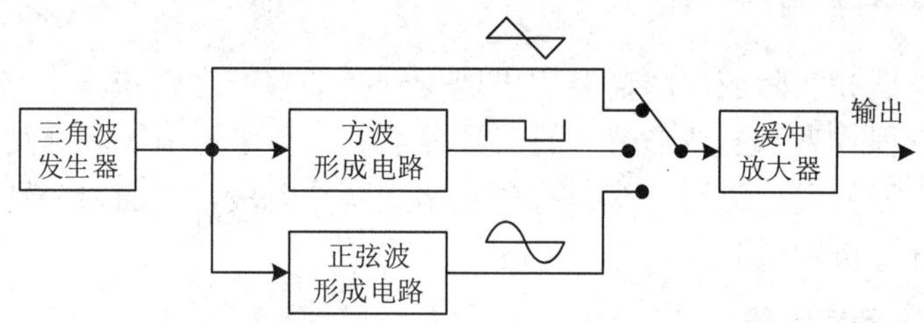

图 2-12　三角波式函数信号发生器基本组成框图

其基本工作原理是：三角波式函数信号发生器首先产生三角波信号，经方波形成电路形成脉冲宽度可调的方波信号，经正弦波形成电路整形变换为正弦波信号。

2. 数字函数信号发生器

数字函数信号发生器是利用数字电路技术，在数字直接合成技术的基础上发展起来的一类函数信号发生器。它不采用振荡器，而是通过数字合成技术产生一系列数据流，经过 D/A 转换器和滤波电路的处理，最终输出模拟信号。它可以产生各类函数波形信号，是信号发生器的重要发展方向。

数字直接合成技术(DDS)是一种全新的信号产生方法，它完全没有振荡器元件，其实现原理如图 2-13 所示，主要由相位增量寄存器、N 位全加器、输出锁存器、波形存储器、D/A 转换器及基准时钟等组成。

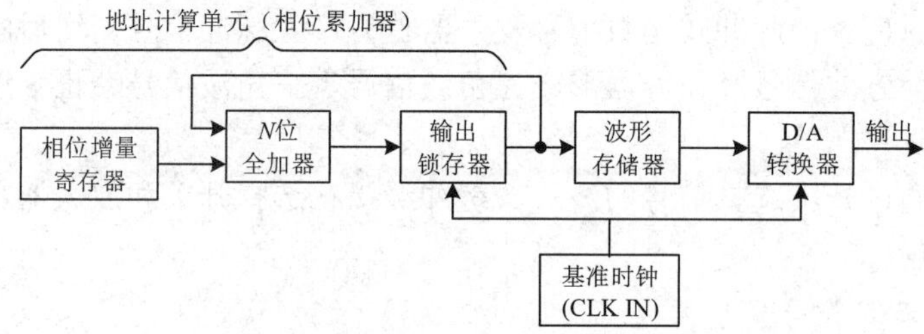

图 2-13　数字直接合成技术(DDS)实现原理框图

基于数字直接合成技术的数字函数信号发生器，简称数字函数信号发生器，它的硬件电路基本组成如图 2-14 所示，主要由用于输入函数的数字量化处理的数据处理器、带有相位累加功能的波形存储器、低通滤波器、带有偏移控制器的幅度控制器、功率放大器等构成。

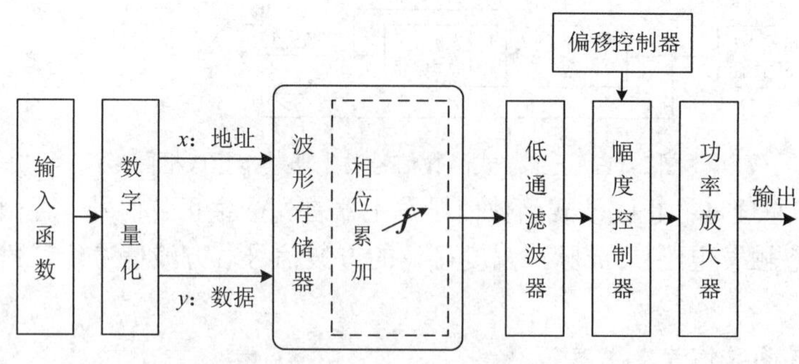

图 2-14　数字函数信号发生器基本组成框图

数字函数信号发生器的基本工作原理如下。

第一步：对于一个要产生的函数波形，首先对该函数进行数字量化。

第二步：然后以 x 为地址，将量化数据 y 依次存入波形存储器中。

第三步：利用相位累加技术来控制波形存储器的地址，在每一个采样时钟周期内，都将一个相位增量累加到相位累加器的当前结果上。这样通过改变相位增量即可改变 DDS 的输出频率值。

第四步：根据相位累加器输出的地址，由波形存储器取出波形量化数据，通过数/模转换器和运算放大器转换成模拟电压。

第五步：由于波形数据是时间段的采样数据，所以 DDS 发生器输出的是一个阶梯波形，需要经过低通滤波器才能将波形中所含的高次谐波滤除掉，输出的才是连续的波行形。

第六步：幅度转换器是一个数/模转换器，根据设定的幅度数值，产生出一个相应的模拟电压，然后与输出信号相乘，使输出信号的幅度等于操作者设定的幅度值。偏移控制器也是一个数/模转换器，使输出信号的偏移等于操作者设定的偏移值。

第七步：经过幅度偏移控制器的合成信号再经过功率放大器的放大，便可由输出口输出信号了。

通常所说的函数信号发生器大部分都是默认为数字函数信号发生器，本书也是在这一说法的基础上论述的。

2.3　信号发生器主要技术指标

信号发生器的主要技术指标是用户进行仪器设备选型、测试方案设计等过程中的重要依据。对于传统的模拟式信号发生器，其主要技术指标包括频率特性、输出特性、调制特性等几大类；而对于新近出现的数字式信号发生器，又有一些新的技术指标，如采样速率、存储深度等。

2.3.1　频率特性

1. 有效频率范围

有效频率范围是指各项指标都能得到满足的输出信号的频率范围。例如 1 Hz～50 MHz，或 6 位显示 1.00000 Hz～50.0000 MHz。有效频率范围内频率的调节可以是步进的，也可以是连续的。在有效频率范围的 2/3 以上所测得的信号频率较为稳定。

通常信号发生器输出的正弦波信号和方波信号的频率范围是不一致的，例如，某函数信号发生器产生的正弦波的频率范围是 1 mHz～240 MHz，而其输出方波的频率范围则是 1 mHz～120 MHz。

2. 频率准确度

频率准确度是指信号发生器刻度盘(或显示器)上的频率设置数值与实际输出信号频率间的偏差，一般用实际相对误差来表示。其公式为

$$\gamma_x = \frac{x-A}{A}\times 100\% = \frac{\Delta x}{A}\times 100\%$$

式中：x 为仪器刻度盘或显示器的输出信号频率，A 为实际输出频率。

例如：刻度盘指示频率的信号发生器的频率准确度通常在±(1%～10%)范围内；标准信号发生器的频率准确度通常为±1%；合成信号发生器的频率准确度则通常优于±0.001%。

3. 频率稳定度

频率稳定度是指信号发生器在一定时间内维持其输出信号频率不变的能力，通常用一定时间内的相对频率偏移来表示。例如：第1小时内 $< 2 \times 10^{-3}$/h，以后的7小时内 $< 70 \times 10^{-4}$/h。

频率稳定度一般分为长期频率稳定度(长稳)、短期频率稳定度(短稳)以及瞬间频率稳定度。其中：短期频率稳定度是指经过预热后，15分钟内信号频率所发生的最大变化；长期频率稳定度是指信号源经过预热时间后，信号频率在任意3小时内所发生的最大变化。由于信号发生器的频率稳定度是频率准确度的基础，只有频率稳定度高，频率准确度才有意义，因此要求信号发生器的频率稳定度要比频率准确度高出1至2个数量级。

4. 频率分辨率

频率分辨率是指最小可调频率值，也就是创建信号波形时可以调节的最小频率增量。例如，某函数信号发生器的频率分辨率为1 μHz。

2.3.2 输出特性

1. 输出电平范围

输出电平范围是指输出信号幅度的有效范围，例如2 mV～2 V rms (开路)，或1 mV～1 V rms (50Ω 负载)。

信号发生器输出电平读数定义为输出阻抗匹配条件下，所以这里需要注意输出阻抗匹配的问题。

2. 输出电平准确度

输出电平准确度是指信号发生器输出电平指示器的显示值与实际值之间的差异，例如，3位有效数显，在1.00 mV～1.00 V之间。

3. 输出阻抗

信号发生器的输出阻抗是指从输出端看去信号发生器的等效阻抗。例如，低频信号发生器的输出阻抗通常为600 Ω，而高频信号发生器的输出阻抗只有50 Ω，电视信号发生器的输出阻抗通常为75 Ω。

2.3.3 其他特性

随着数字信号发生器的出现，一些新技术指标也随之产生，对这些技术指标的说明如下。

1. 采样速率

采样速率也称为取样速率，通常用每秒兆样点或者每秒千兆样点表示，表明了仪器可以运行的最大时钟或采样速率。

采样速率会影响主要输出信号的频率和保真度。奈奎斯特采样定理规定，采样频率或时钟速率必须至少是生成的信号中最高频率的两倍，以保证精确地复现被测信号波形。

2. 存储深度

存储深度是指用来记录波形样本点的存储空间大小，每个波形样本点通常占用一个存储器单元，存储深度决定着能记录的波形样本点的最大数量。

3. 垂直分辨率

信号发生器的垂直分辨率是指信号发生器中可以设置的最小电压增量，也就是仪器数/模转换器的二进制字宽度，单位为位，它规定了波形幅度精度。垂直分辨率与仪器 DAC 的二进制字长度有关，位数越多，分辨率就越高。

除了上述主要技术指标之外，信号发生器还有其他一些技术指标，如调制特性、波形特性、触发特性等，具体选用时需按照测量要求进行选择，确保各项技术指标满足测试要求，从而保障测试结果的正确和有效。

2.4　信号发生器使用注意事项

在使用信号发生器进行测量时，为了保障操作人员人身安全、防止仪器设备受到损害及保证测量结果的正确性，需要注意相关事项。本节将对信号发生器的常规使用注意事项进行说明。由于信号发生器种类繁多，在具体使用某一款信号发生器时，操作者应严格按照该信号发生器的操作手册进行。

1. 安全注意事项

(1) 请勿将信号发生器放置在高温、潮湿、多尘、强辐射、电磁干扰大的环境中，并防止剧烈振动；不用时应将信号发生器放置在干燥通风处，以免受潮。

(2) 在把信号发生器接入电源之前，应检查信号发生器对电源电压值和频率的要求。

(3) 信号发生器的负载不能存在直流和高压、强辐射信号，以防止信号回输造成信号发生器的损坏；若负载电路中含有较低的直流或要求负载上不要直流成分，可在输出端串接一个耐压和容量合适的电容器用于阻隔直流。

(4) 在更换保险丝时应切断电源，严禁带电操作。

(5) 简单故障可自己处理，重大故障及严重损坏应与厂家联系维修。

2. 操作注意事项

(1) 信号发生器需开机预热 15 分钟后方可使用，通常建议预热 20 分钟。

(2) 使用信号发生器时，禁止输出端短路。

(3) 信号发生器设有电源指示，使用时指示灯不亮应更换电池再使用。

(4) 信号发生器不用时应放在干燥通风处，以免受潮。

2.5　信号发生器典型产品选型

本节将对信号发生器的基本选型原则进行说明，在此基础上对几款常用的低频信号发生器、高频信号发生器进行介绍。

1. 基本选型原则

在选择信号发生器时，其选取原则主要是频率特性及输出特性的几项主要技术指标能满足要求，具体说明如下。

(1) 根据所需信号的频率选择有效频率范围满足要求的信号发生器。

(2) 根据所需信号的频率调节要求来选择频率分辨率满足要求的信号发生器。

(3) 选择频率准确度和频率稳定度满足所需信号要求的信号发生器。

(4) 尽可能选择输出电平范围满足所需信号电平幅度要求的信号发生器。

(5) 对于数字信号发生器，还要考虑采样速率、存储深度等指标满足产生所需信号的要求。

2. 主要生产厂家

国内外有关信号发生器的主要生产厂家如表 2-3 所示。

其中，美国安捷伦公司、泰克公司、福禄克公司等历史悠久，技术实力雄厚，属于第一阵营；日本及欧洲等地区的日本横河公司等也具有雄厚技术实力；中国的南京盛普仪器科技有限公司、北京普源精电科技有限公司等则是近年来才发展起来的公司，技术实力稍逊美国、日本及欧洲等公司。

表 2-3　信号发生器主要生产厂家一览表

国　家	美　国	日　本	中　国
企业	Agilent(安捷伦) Tektronix(泰克) FLUKE(福禄克)	横河公司	南京盛普仪器科技有限公司 北京普源精电科技有限公司 华高仪器公司

3. 典型产品介绍

1) 低频信号发生器

XD-2 型低频信号发生器是一款国产信号发生器，可产生 1 Hz～1 MHz 的正弦波形信号，输出有效值可在 0～5 V 范围内任意调节，其实物如图 2-15 所示。

图 2-15　XD-2 型低频信号发生器

(1) 主要技术指标。

频率范围：1 Hz～1 MHz，分成 1 Hz、10 Hz、100 Hz、1 kHz、10 kHz、100 kHz、1 MHz 6 个频段。

频率特性：在整个频段内，输出电压平坦度 <± 1 dB。

频率基本误差：± (1%～1.5%)。

频率稳定度：I 挡、II 挡。

非线性失真：≤0.1%(20 Hz～20 kHz)，其他频段不做考虑。

输出幅度：0～5 V 连续可调。

衰减器：衰减总量 90 dB；衰减误差 < 1.5 dB(80 dB 以内)或 < 5 dB(90 dB 时)。

电压指示误差：< ± 5%(20 Hz～10 kHz)。

输出阻抗(正弦波)：600 Ω 。

功率消耗：10 VA。

(2) 使用方法及注意事项。

使用前完成电源供电、信号发生器外壳接地等各项准备工作；使用时对所需的输出信号进行调节，确保输出信号正确有效。

2) 高频信号发生器

XFG-7 型高频信号发生器是一款国产高频信号发生器，能产生 100 Hz～30 MHz 范围的正弦信号，一般用于接收机调整与测试及高频信号源使用，其实物如图 2-16 所示。

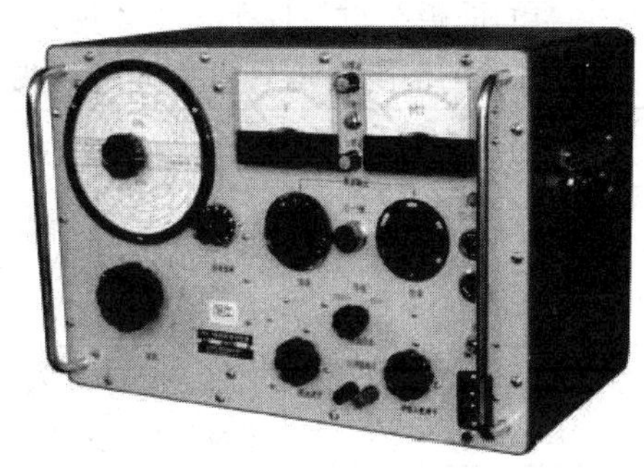

图 2-16　XFG-7 型高频信号发生器

(1) 主要技术指标。

频率范围：100 Hz～30 MHz，共分 8 个频段。

频率刻度误差：±1%。

输出阻抗与输出电压：在 0～0.1 V 插件中，接有分压电阻的电缆终端输出接点 1，输出电阻为 40 Ω ，输出电压在 1 μ V～100 000 μ V 连续可调；接点 0.1，输出电阻为 8 Ω ，输出电压在 0.1 μ V～10000 μ V 连续可调；在 0～1 V 插件中，开路输出电压在 0～1 V 连续可调，输出电阻为 400 Ω 。

内部调制频率：400 Hz 和 1000 Hz 两挡，均为± 5%。

(2) 使用方法及注意事项。

接通电源前，应检查两个表头“V”和“M %”的指针是否指零点，可调机械调零电位器。

将各旋钮置起始位置，即将载波调节、载波输出微调、倍乘、调幅调节各旋钮都反时针旋转到底。

3) 函数信号发生器

SG 1651 A 型函数信号发生器是一台具有高度稳定性、多功能等特点的函数信号发生器，能直接产生正弦波、三角波、方波、斜波、脉冲波，波形对称可调并可反向输出，直流电平可连续调节。频率计可做内部频率显示，也可外测 1 Hz～10.0 MHz 信号频率，电压用 LED 显示，其实物如图 2-17 所示。

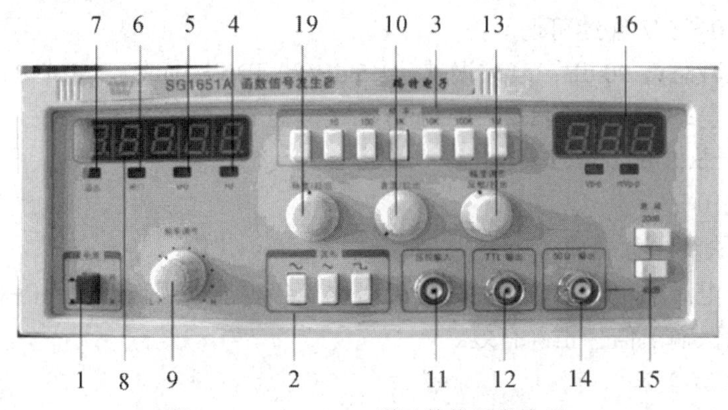

图 2-17　SG1651 A 型函数信号发生器

(1) 面板按键说明。

SG1651 A 型函数信号发生器的面板按键说明如表 2-4 所示。

表 2-4　SG1651 A 型函数信号发生器面板按键说明

序号	面板标志	名　称	作　用
1	电源	电源开关	按下开关，电源接通，电源指示灯亮
2	波形	波形选择	输出波形选择
3	频率	频率选择开关	频率选择开关与 9 配合选择工作频率，外测频率时选择闸门时间
4	Hz	频率单位	指示频率单位，灯亮有效
5	kHz	频率单位	指示频率单位，灯亮有效
6	闸门	闸门显示	此灯闪烁，说明频率计正在工作
7	溢出	频率溢出显示	当频率超过 5 个 LED 所显示范围时灯亮
8	频率显示	频率显示 LED	所有内部产生频率或外测时的频率均由此 5 个 LED 显示
9	频率调节	频率调节	与 3 配合选择工作频率
10	直流/拉出	直流偏置调节输出	拉出此旋钮可设定任何波形的直流工作点，顺时针方向为正，逆时针方向为负
11	压控输入	压控信号输入	外接电压控制频率输入端
12	TTL 输出	TTL 输出	输出波形为 TTL 脉冲，可做同步信号
13	幅度调节反向/拉出	斜波倒置开关幅度调节旋钮	与 10 配合使用，拉出时波形反向；调节输出幅度大小
14	50 Ω 输出	信号输出	主信号波形由此输出，阻抗为 50 Ω
15	衰减	输出衰减	按下按键可产生 −20 dB/−40 dB 衰减
16	VmVp−p	电压 LED	

(2) 主要技术指标。

① 频率范围：0.1 Hz～2 MHz，分 7 挡。

② 波形：正弦波、三角波、方波、正向或负向脉冲波、正向或负向锯齿波。

③ 正弦波失真：10 Hz～100 kHz＜1%。

④ 频率响应：0.1 Hz～100 kHz≤±0.5 dB，100 kHz～2 MHz≤±1 dB。

⑤ TTL 输出：上升沿、下降沿≤1 μs；低电平≤0.4 V；高电平≥3.5 V。

⑥ 输出阻抗：50 Ω±10%。

⑦ 输出幅度指示：三位 LED 数码显示。

⑧ 衰减：0 dB、10 dB、40 dB、60 dB。

⑨ 直流偏置，0～±10 V 连续可调。

⑩ 对称度调节范围：90:10～10:90。

⑪ VCF 功能：输入电压在 −5 V～0 V，最大压控比为 1000:12.8.3，输入信号为 DC～1 kHz。

⑫ 正弦波固定输出：频率为 50 Hz；失真≤1%。

⑬ 标频输出：10 MHz(选购件)。

⑭ 频率计测量范围：1 Hz～20.0 MHz。

⑮ 输入阻抗：不少于 1 MΩ/10 pF。

⑯ 灵敏度：最高达 150 mVrms。

(3) 使用方法及注意事项。

为获得仪器说明书中所示技术性能指标，需要让仪器预热半小时，在环境温度为 10℃～40℃，湿度≤90%(+40℃)且无强烈电磁干扰情况下使用。

对于输入输出端，如 TTL 输出端、压控输入端，不应输入大于 10 V 的(AC + DC)直流电平，否则会损坏仪器。

2.6　扩 展 知 识

1. 频段划分

信号频段的划分如表 2-5 所示。

表 2-5　信号频段划分一览表

信号频段名称	频 率 范 围	主要应用领域
超低频信号发生器	0.001～1000 Hz	电声学、声纳
低频信号发生器	1 Hz～1 MHz	电报通信
视频信号发生器	20 Hz～10 MHz	无线电广播
高频信号发生器	100 kHz～30 MHz	广播、电报
甚高频信号发生器	30～300 MHz	电视、调频广播、导航
超高频信号发生器	300 MHz 以上	雷达、导航、气象

2. 阻抗分析

通常，阻抗分为输入阻抗和输出阻抗两种，具体说明如下。

1) 输入阻抗

输入阻抗是指一个电路输入端的等效阻抗。在输入端加上电压源 U，测量输入端电流 I，则输入阻抗 R_{in} 就是 U/I。也可以把输入端想象成一个电阻的两端，这个电阻的阻值就是输入阻抗。

输入阻抗同普通的电抗元件没什么区别，它反映了对电流阻碍作用的大小。对于电压驱动的电路，输入阻抗越大，则对电压源的负载就越轻，因而就越容易驱动，也不会对信号源有影响；而对于电流驱动型的电路，输入阻抗越小，则对电流源的负载就越轻。

因此，我们可以这样认为：如果是用电压源来驱动的，则输入阻抗越大越好；如果是用电流源来驱动的，则阻抗越小越好。这只适合于低频电路，在高频电路中，还要考虑阻抗匹配问题。另外，如果要获取最大输出功率，则要考虑阻抗匹配问题。

2) 输出阻抗

输出阻抗是指一个信号源的内阻，阻抗越小，驱动更大负载的能力就越高。输出阻抗是在电路出口处测得的阻抗。无论是信号源、放大器，还是电源，都有输出阻抗。

对于一个理想的电压源，其内阻应该为 0 欧姆，而理想电流源的阻抗应当为无穷大欧姆。但现实中的电压源或电流源都达不到理想情况。以电压源为例，通常用一个理想电压源串联一个电阻 r 的方式来等效一个实际电压源。这个与理想电压源串联的电阻 r 就是实际电源的内阻。当这个电压源给负载供电时，就会有电流 I 从这个内阻 r 上流过，并在这个内阻 r 上产生 $I*r$ 的电压降。这将导致电源输出电压下降，从而限制了最大输出功率。

3. 振荡器介绍

振荡器简单地说就是一个频率源，一般用在锁相环中。具体说就是一个不需要外信号激励、自身就可以将直流电能转化为交流电能的装置。

振荡器主要分为 RC 振荡器、LC 振荡器和晶体振荡器三种类型：

(1) RC 振荡器采用 RC 振荡回路作为选频移相网络的振荡器。

(2) LC 振荡器采用 LC 振荡回路作为选频移相网络的振荡器。

(3) 晶体振荡器是指由石英晶体产生谐振频率的振荡器。

本章总结

本章首先介绍了信号发生器的发展历程、主要分类及主要用途；然后详细分析了信号发生器的基本结构及工作原理、信号发生器的主要技术指标；最后介绍了信号发生器的使用注意事项、信号发生器的典型产品选型。

有关本章内容总结如图 2-18 所示。

本章对信号发生器的基础知识进行了系统的介绍，为后续各类信号发生器的操作和应用奠定了技术基础。

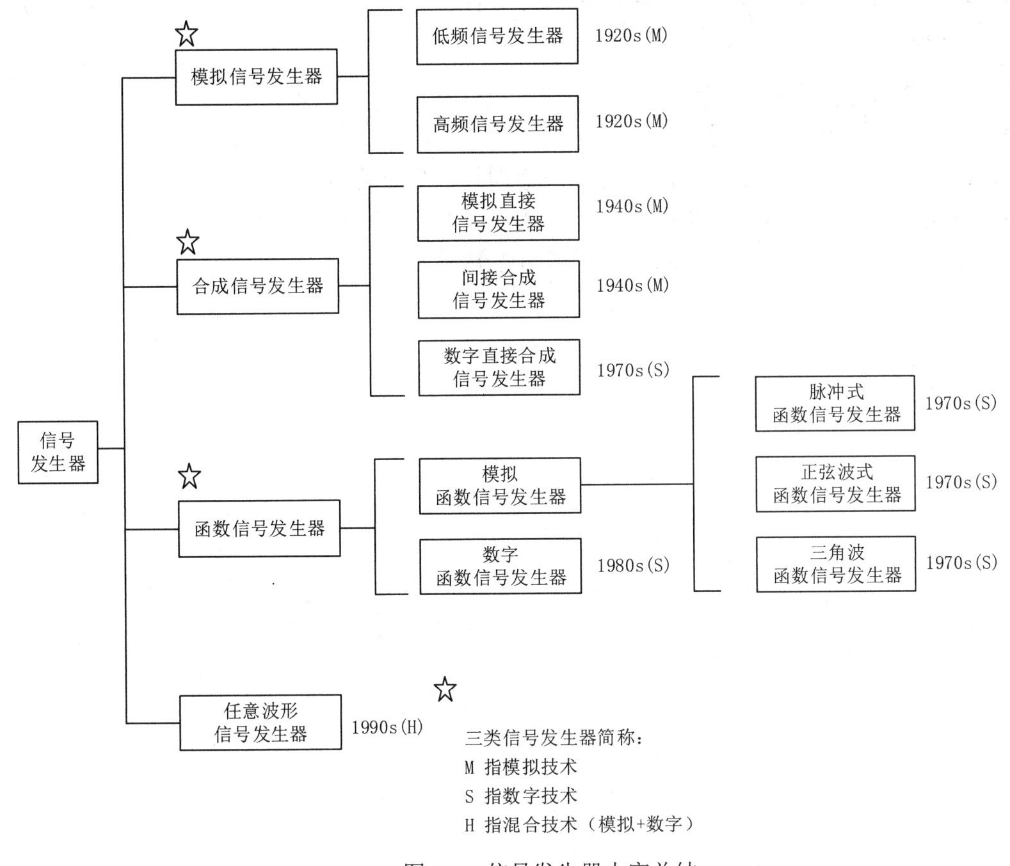

图 2-18 信号发生器内容总结

课 后 习 题

1. 选择题(单项选择题)

(1) 高频正弦信号发生器的主振级通常采用_____振荡器。

A. RC　　B. LC　　C. 差频　　D. 晶体

(2) 不属于信号发生器主要用途的一项是_____。

A. 激励信号源　　B. 仿真信号源　　C. 时间标准源　　D. 标准信号源

(3) 不属于模拟信号发生器主要组成部分的一项是_____。

A. 主振器　　B. 电压放大器　　C. 检波器　　D. 输出衰减器

(4) 不属于数字信号发生器主要组成部分的一项是_____。

A. A/D 转换器　　B. 波形存储器　　C. D/A 转换器　　D. 功率放大器

2. 判断题(正确的在后面括号内打√、错误的打×)

(1) 正弦信号发生器是最早出现的一类信号发生器。　　(　　)

(2) 合成信号发生器的主振级通常采用晶体振荡器。　　(　　)

(3) 函数信号发生器包括模拟函数信号发生器和数字函数信号发生器两种类型。(　　)

(4) 通常，信号发生器开机后即可产生信号进行工作。 (　　)

3. 简答题

(1) 什么是信号发生器？

(2) 信号发生器有什么作用？

(3) 信号发生器的发展经历了几个阶段？分别是哪几个阶段？

(4) 合成信号发生器的频率合成有几种方法，各有何优缺点？

(5) 函数信号发生器产生信号的方法一般有哪几种？

第 3 章　电　压　表

电压表是最早出现的一种电子测量仪器，伴随着电学的出现而出现，也是应用最广泛的一类电子测量仪器，是电子产品开发中必不可少的测量仪器。

本章首先介绍电压表的发展历程、主要分类及主要用途；然后详细分析电压表的基本结构及工作原理、电压表的主要技术指标；最后介绍电压表的使用注意事项、电压表的典型产品选型。

3.1　电压表概述

电压表是一类测量电信号电压值的电子测量仪器，也是最早出现的电压测量仪器。后来随着电子技术的发展，在电压表的基础上又出现了万用表，它除了能对电压进行测量以外，还能对电流、电阻、电容、频率等进行测量。

3.1.1　发展历程

早期，电压表的发展经历了从模拟电压表到数字电压表阶段。后来，在模拟电压表和数字电压表基础上又发展出了模拟万用表和数字万用表，将其测量内容扩展到电流、电阻、电容等方面，以满足各类测量需要。目前，随着虚拟仪器技术的发展，出现了各类虚拟电压表、虚拟万用表，可以方便地实现对电压、电流、电阻等信号的测试、分析、存储及传输。

1. 模拟电压表

从 20 世纪初开始，模拟电压表随着电路技术、电子器件的发展以及电压测量需要而产生。

1915 年，R.A.海辛用电子管电路对电压值进行测量，从而产生了电子管电压表，因此有时也称模拟电压表为电子管电压表；此后，随着电路技术、电子技术以及电子器件的不断发展和完善，产生了用磁电式直流电流表头进行电压测量的模拟电压表。通常又分为模拟直流电压表和模拟交流电压表两种类型；随后，根据欧姆定律可通过电压法测量电路中的电流，产生了以电压测量为基础的模拟万用表，用于测量电压、电流、电阻等多种参数。

图 3-1 所示为某型号模拟电压表实物图。

图 3-1　模拟电压表

2. 数字电压表

从 20 世纪 50 年代初开始，数字电压表随着电子技术、数字电路技术、微处理器技术的发展以及对电压测量精度的要求不断提高而产生。

1952 年，美国非线性系统公司(Non-Linear Systems，inc.，NLS)首次从电位差计的自动化测试过程中研制出数字电压表。1955 年，NLS 公司推出了 519p 型号数字电压表，如图 3-2(a)所示；1967 年，NLS 公司又推出了 X-2 型数字电压表，如图 3-2(b)所示。

(a) 美国 NLS 公司 519p 型

(b) 美国 NLS 公司 X-2 型

图 3-2　数字电压表

此后，世界各国的主要仪器公司均开发出了各种类型的数字电压表，如美国福禄克公司、日本横河公司等。

3. 模拟万用表

模拟万用表是在模拟电压表的基础上逐步发展而来的，主要用来测量直流电流、直流电压、交流电流、交流电压以及电阻等参数，通常又称为模拟多用表、指针万用表。

1941 年，日本三和公司生产出了第一代模拟万用表；随后，世界各地其他仪器公司也纷纷推出了各自的模拟万用表。图 3-3 所以为日本三和公司某型号模拟万用表实物图。

图 3-3　模拟万用表

4. 数字万用表

从 20 世纪 70 年代末开始，在数字电压表的基础上产生了数字万用表，主要用来测量电压、电流、电阻等参数，通常又称为数字多用表。

目前国际上主要仪器公司均生产数字万用表，如美国的福禄克公司、吉时利公司，日本的横河公司、三和公司，中国的驿生胜利仪器公司、优利德仪器公司等，具体实物如图 3-4 所示。

(a) 福禄克万用表

(b) 横河万用表

(c) 三和万用表

(d) 胜利万用表

图 3-4　数字万用表

5. 虚拟万用表

从 20 世纪 90 年代末开始，随着虚拟仪器技术的出现和发展，产生了相应的虚拟万用表，即在各类虚拟仪器平台上(GPIB 总线平台、VXI 总线平台、PXI 总线平台、LXI 总线平台等)，用户可以按照自己的测试需要构建基于数据采集卡的虚拟万用表，用于对电压、电流、电阻等参数的测量、分析、存储及传输。虚拟万用表是未来发展方向，图 3-5 所示为某型号虚拟万用表实物图。

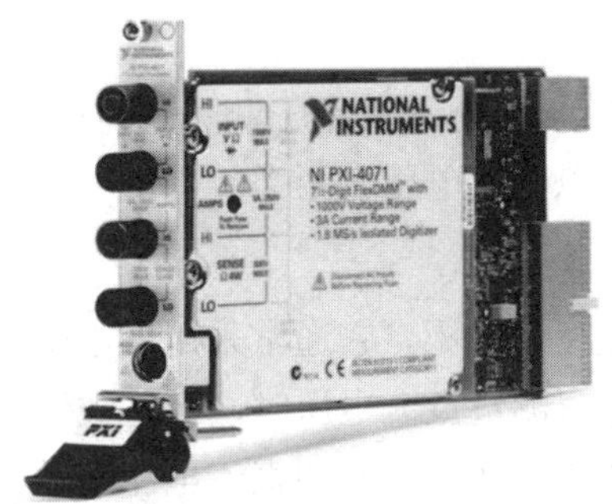

图 3-5　虚拟万用表

有关电压表发展事件如表 3-1 所示。

表 3-1　电压表发展事件一览表

类　型	产 生 年 代	主要人物/公司
模拟电压表	20 世纪初(1915 年)	R.A.海辛
数字电压表	20 世纪 50 年代(1952 年)	美国非线性系统公司(NLS)
模拟万用表	20 世纪 40 年代(1941 年)	日本三和公司(SANWA)
数字万用表	20 世纪 70 年代	美国福禄克公司(FLUKE)
虚拟万用表	20 世纪 90 年代	美国惠普公司(HP) 美国国家仪器公司(NI)

有关电压表发展历程如图 3-6 所示。

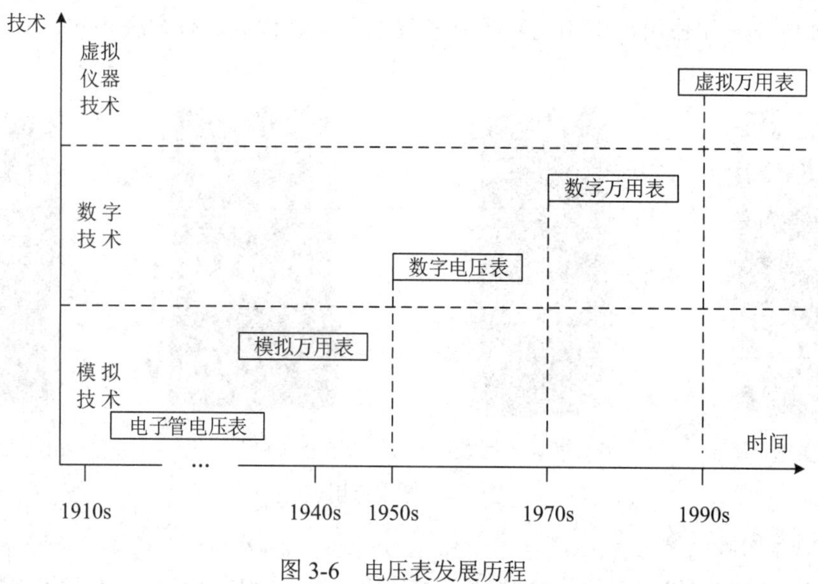

图 3-6　电压表发展历程

3.1.2　主要类型

通常，电压表根据其显示方式及工作原理的不同，可分为模拟电压表和数字电压表两类。另外，模拟万用表及数字万用表也可以用来测量电压信号，也属于电压测量仪器。

1. 模拟电压表

模拟电压表也称为指针电压表，是一类用于测量直流电压和交流电压的指针式电压表，可细分为模拟直流电压表和模拟交流电压表两类。

1) 模拟直流电压表

模拟直流电压表用来测量直流电压。它通常采用磁电式直流电流表头作为电压指示器，测量直流电压时，可将被测电压直接或经过一定放大、衰减以产生相应的直流电流来驱动直流表头指针偏转，从而指示被测电压的电压值。

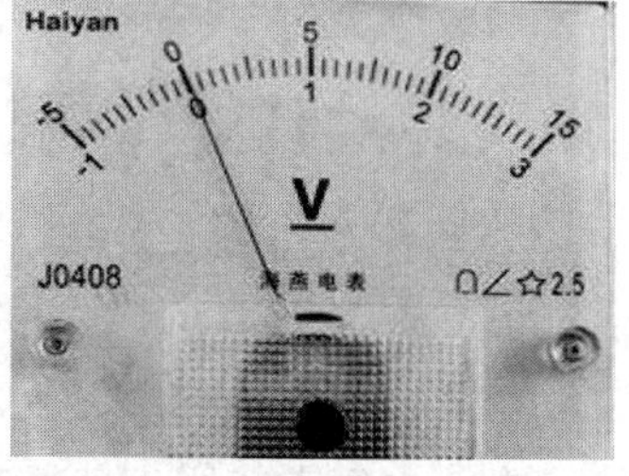

图 3-7　模拟直流电压表

典型的模拟直流电压表如图 3-7 所示，通常在其面板上有一个在 V 下面加横线的标识 V̲。

2) 模拟交流电压表

模拟交流电压表用来测量交流电压。它通常先将交流电压经过交流—直流变换器(又称检波器)转换，得到与被测交流电压成比例的直流电压，再用模拟直流电压表便可测得被测交流电压值。

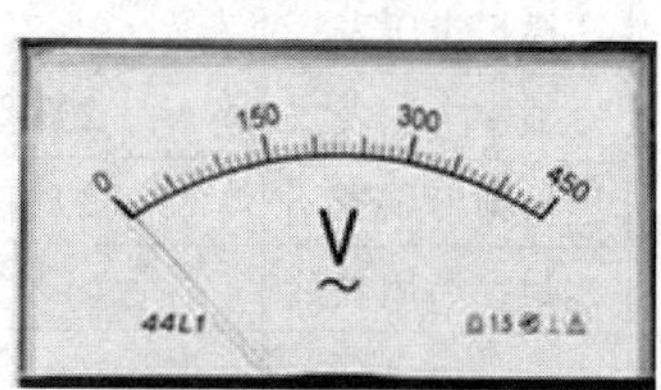

图 3-8　模拟交流电压表

典型的模拟交流电压表如图 3-8 所示，通常在其面板上有一个在 V 下面加波浪线的标识 V̰。

通常交流电压有三种表征方式：峰值、均值及有效值。根据输出直流电压值与被测交流电压不同表征值所成的比例，可将检波器分为均值响应、峰值响应和有效值响应三种类型。

(1) 根据测量电压量级的不同，模拟式交流电压表可分为电压表和毫伏表两类：电压表的基本量程为 V 量级，毫伏表的基本量程为 mV 量级。

(2) 根据所用检波器类型的不同，模拟式交流电压表可分为均值电压表、峰值电压表和有效值电压表三类：均值电压表采用均值检波器检波，其输出直流电压正比于其输入交流电压的平均值，与输入电压的波形无关；峰值电压表采用峰值检波器检波，其输出直流电压正比于其输入交流电压峰值，与输入电压的波形无关；有效值电压表采用有效值检波器，其输出直流电压正比于输入交流电压的有效值，与输入电压的波形无关。

(3) 根据模拟式交流电压表工作频率的不同，可分为五类，分别是 1 kHz 以下的超低频电压表，1 MHz 以下的低频电压表，30 MHz 以下的视频电压表，300 MHz 以下的高频电压表或射频电压表，300 MHz 以上的超高频电压表，

(4) 根据模拟式交流电压表中电路组成形式的不同，可分为三类，分别是检波-放大式电压表，放大-检波式电压表，外差式电压表。这三类电压表将在 3.2.1 小节详细介绍。

有关模拟电压表分类如图 3-9 所示。

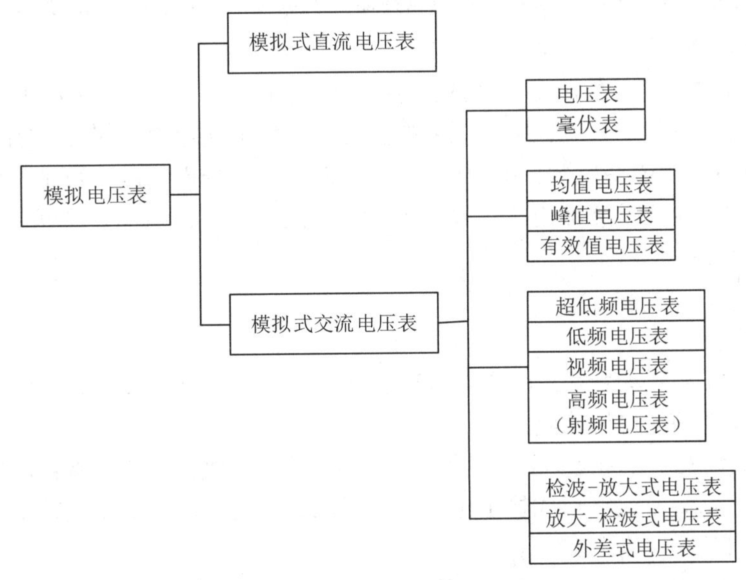

图 3-9　模拟电压表分类

2. 数字电压表

数字电压表是一类用于测量直流电压和交流电压的数字显示电压表，其种类繁多，分类方法各异，通常有以下分类方式。

(1) 按位数分类。

按测量结果数字显示位数的不同，数字电压表有 3 位、3 位半、4 位、4 位半、5 位、6 位、7 位等多种类型。

(2) 按测量速度分类。

按测量速度的不同，数字电压表有高速、低速两种类型。

(3) 按体积大小分类。

按数字电压表体积大小的不同，数字电压表有袖珍式、便携式、台式三种类型。

(4) 按被测电压类型分类。

按被测电压类型的不同，有直流数字电压表、交流数字电压表。

自从数字电压表出现以来，数字电压表研发技术有了不断地进步和提高。从刚开始的4位显示，发展到5位、6位显示，目前已经有了7位、8位显示；从最早的采用继电器、电子管发展到晶体管、集成电路；从最早的辉光数码管发展到现在的等离子体管、发光二极管、液晶显示器等。

3. 模拟万用表

模拟万用表又称指针万用表，是一种多功能、多量程便携式仪表，是电工人员在维修过程中常用测量仪表之一。模拟万用表主要由指示部分、测量电路、转换装置三个部分组成，主要用来测量电阻值、直流电压、交流电压、电流值等，有些万用表还可以检测晶体管的放大倍数、电容器的电容量等数值。

模拟万用表出现时间较长，且现在仍然是电工测量及维修工作的必备仪表。它便于观察被测量数值的变化过程，模拟式表头能够直观地检测出电流、电压等参数的变化过程和变化方向，客观地反映了被测量的状态，如检测电容器的充放电过程，某些设备的电压变化过程等。

4. 数字万用表

数字万用表是具有多种测量功能的数字仪表，也叫数字多用表(Digital Multi Meter，DMM)。数字万用表是在直流数字电压表的基础上，配上交流电压/直流电压(AC/DC)变换器、电流/直流电压(I/V)变换器、电阻/直流电压(R/V)变换器而构成。数字万用表可用来测量交流电压、直流电压、交流电流、直流电流、电阻、电容、频率、温度、占空比、二极管及通断测试等。

3.1.3 主要用途

(1) 模拟电压表主要用途。模拟电压表主要为交流电子电压表，其灵敏度高，广泛用于较宽频率范围的信号电压值测量。

(2) 数字电压表主要用途。数字电压表是一种利用模/数转换器，将被测电压转换为数字量，并将测量结果以数字形式显示出来的电子测量仪器。数字电压表精确度和自动化程度高，适用于自动测试场合。

(3) 模拟万用表主要用途。模拟万用表一般用来测量电阻值、直流电压、交流电压、电流值等，有些还可以检测晶体管的放大倍数、电容器的电容量等。

(4) 数字万用表主要用途。数字万用表主要用于测量电压(如直流电压、交流电压)、电流和电阻，有的还可以测量电容、电感及半导体参数等。

3.2 电压表基本结构及工作原理

本节将对模拟电压表、数字电压表的基本结构及工作原理进行详细分析。在此基础上对模拟万用表、数字万用表的基本结构及工作原理进行详细分析。

3.2.1　模拟电压表

模拟电压表又称指针式电压表，多用磁电式电流表作为指示器，并在表盘上刻以电压刻度。

模拟电压表通常由放大器、衰减器(分压器)、检波器、表头指示器和电源等部分组成。其中，表头指示器是根据电流的磁效应原理制作的，通常采用磁电式直流电流表头，如图 3-10 所示。

模拟电压表的基本工作原理是：将被测电压转换为一定比例的电流，电流通过线圈产生磁场，当电流越大，所产生的磁力就越大，从而使电压表指针的摆幅也越大。电压表内有一个磁铁和一个导线线圈，通过电流后，会使线圈产生磁场，线圈通电后在磁铁作用下会旋转，从而指示出被测电压值。

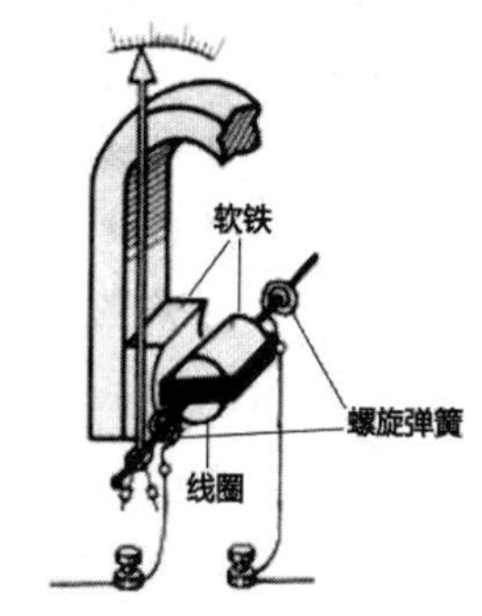

图 3-10　模拟电压表表头指示物理原理

根据模拟电压表内部放大器、检波器等部件构成方式的不同，可分为放大-检波式、检波-放大式和外差式三种形式电压表，具体说明如下。

1. 检波-放大式电压表

1) 工作原理

将被测电压经检波器检波变成直流电压，经直流放大器放大后驱动表头偏转。检波-放大式电压表的基本组成框图如图 3-11 所示。

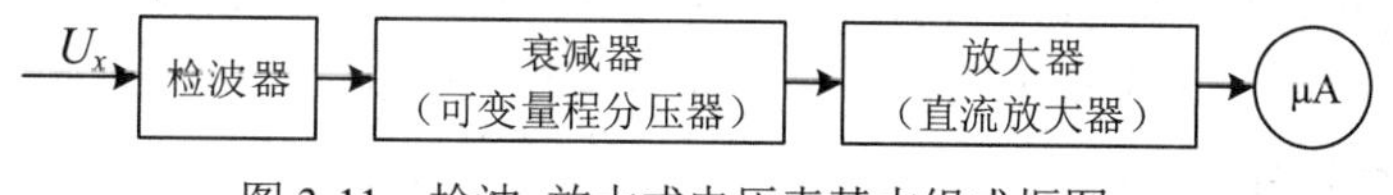

图 3-11　检波-放大式电压表基本组成框图

2) 存在问题

(1) 存在零点漂移。晶体管在长期工作过程中受外界温度及电压不稳定的影响，放大器的输入信号为零时，放大电路输出端仍有缓慢的信号输出。

(2) 灵敏度不高，不适宜测量微弱电压信号。

3) 主要器件分析

(1) 滤波器：对电信号中某特定频率信号或某特定频点以外的频率信号进行有效滤除，得到一个特定频率电信号或消除一个特定频率电信号的电路器件。

(2) 检波器：从现有信号中检出所需电信号的电路器件称为检波器。

(3) 直流放大器：对直流电压信号进行电压幅值放大的电路器件称为直流放大器。

这种电压表的频率范围和输入阻抗主要取决于检波器。采用超高频检波二极管时，可使其频率范围从几十赫兹至几百兆赫兹，甚至可达 1 GHz，输入阻抗也比较大，一般称之为高频毫伏表。

为了使测量灵敏度不受直流放大器零点漂移等影响，一般利用斩波式直流放大器放大检波后的直流信号，而且将检波器做成探头直接与被测电路连接，从而减小分布参数及外部干扰信号的影响。

目前，高频毫伏表的灵敏度已由以前的 0.1 V 提高到了毫伏级。如国产 DA36 型超高频毫伏表即采用了调制式直流放大器，其频率范围在 10 kHz～1000 MHz；电压范围在 1 mV～10 V 范围内；3 V 量程，100 kHz 时的输入阻抗＞100 kΩ，50 MHz 时的输入阻抗＞50 kΩ。

2. 放大-检波式电压表

1) 工作原理

将被测交流电压先通过分压器，然后经宽带放大器放大，再检波成直流电压，驱动电流表偏转。放大-检波式电压表的基本组成框图如图 3-12 所示。

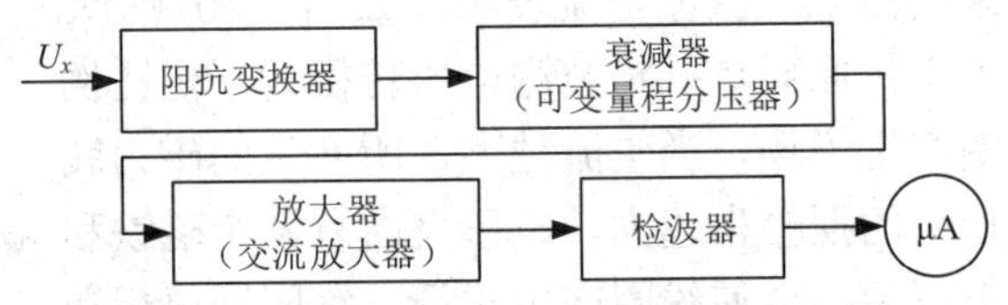

图 3-12　放大－检波式电压表基本组成框图

2) 存在问题

由于宽带放大器增益与带宽的矛盾(二者乘积为常数)，使放大－检波式电压表的频宽难以扩展，因此其灵敏度也受到内部噪声和外部干扰的限制。

3) 主要器件分析

放大－检波式电压表的主要电路器件是滤波器、检波器及交流放大器，这里不再重复介绍。

放大－检波式电压表的频率范围一般在 10 Hz～1 MHz，灵敏度达毫伏级，通常称之为视频毫伏表，多用在低频测量场合。如国产 S401 型视频毫伏表频率范围在 20 Hz～10 MHz，电压测量范围是 100 μV～1 V，输入电阻≥1 MΩ，输入电容≤20 pF，输入阻抗高，在 1～10 MΩ 这个范围内。但是由于其整机的带宽受限，所以与检波-放大式电压表各有千秋。

3. 外差式电压表

1) 工作原理

外差式电压表能把接收到的频率不同的电压信号都变成固定的中频信号，再由放大器对这个固定的中频信号进行放大。在输入电路与中频放大器之间插入一个混频器及本机振荡器。外差式电压表的基本组成框图如图 3-13 所示。

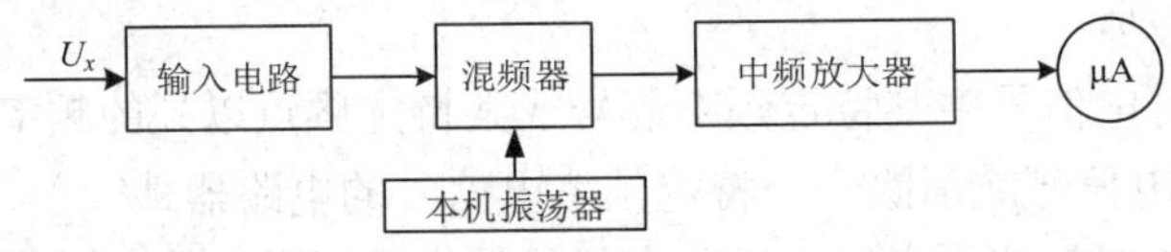

图 3-13　外差式电压表基本组成框图

2) 主要器件分析

(1) 混频器(变频器)：是多个频率进行混合调制，产生一个新频率的调制信号，幅度、频率、波形都将变换。

(2) 中频放大器：是功率放大器的一种，同时具有选频的功能，即对特定频段的功率增益高于其他频段的增益。

(3) 本机振荡器：外差接收机中，对不同接收频率都产生同一个中频射频的振荡器。

外差式电压表又称为选频电压表或测量接收机。虽然也属于放大-检波式，但因外差式电压表利用混频器，将输入信号变为固定中频信号后进行交流放大，可以较好地解决交流放大器增益与带宽的矛盾，其灵敏度可以提高到微伏级。

外差式电压表的频带宽度取决于本振频率范围，可从 100 kHz 至数百兆赫兹，一般称之为高频微伏表。如 DW-1 型高频微伏表，最小量程为 15 μV，最大量程为 15 mV(加衰减器可扩展到 1.5 V)，频率范围在 100 kHz～300 MHz，基本误差为 ±3%。外差式电压表最大的优点是其中频放大器有良好的选择性和相当大的增益，解决了放大器的带宽与增益的矛盾，削弱了噪声的影响，提高了测量灵敏度，扩展了带宽。

3.2.2　数字电压表

数字电压表是利用 A/D 转换器将模拟量转换成数字量，并以十进制数字形式显示被测电压值的一种电压测量仪器。与模拟电压表相比，具有准确度高、灵敏度高、输入阻抗高、测量速度快、读数准确、使用方便等特点。

数字电压表由模拟电路、数字电路和显示电路三部分组成，其基本组成框图如图 3-14 所示。其中 A/D 转换器是数字电压表核心，它将被测模拟电压转换成数字量，然后由数字电路进行处理，并由显示电路进行被测电压值显示。

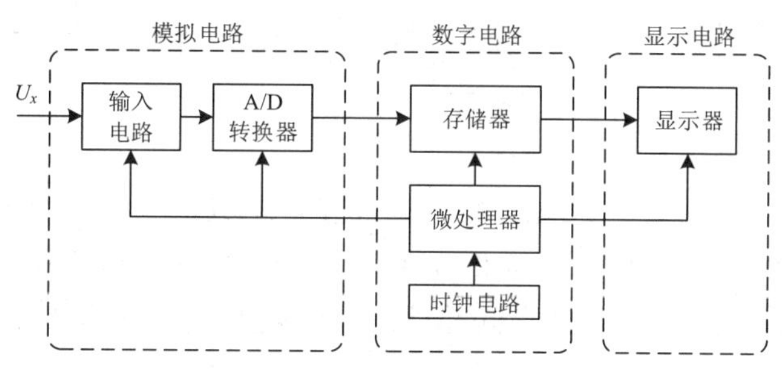

图 3-14　数字电压表基本组成框图

3.2.3　模拟万用表

模拟万用表是在模拟电压表的基础上，利用欧姆定律和电阻串、并联原理开发而成。其中：模拟万用表的直流电流测量电路实质上就是一只多量程直流电流表；模拟万用表的直流电压测量电路实质上就是一只多量程直流电压表；模拟万用表的电阻测量电路实质上就是一只多量程的欧姆表。其基本组成框图如图 3-15 所示。

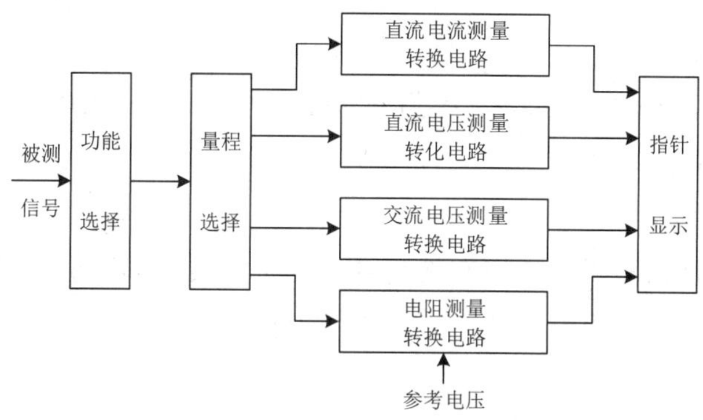

图 3-15　模拟万用表基本组成框图

模拟万用表基本工作原理是：利用直流电流测量电路、直流电压测量电路、交流电压测量电路、电阻测量电路及磁电式直流电流表头对电流、电压和电阻等进行测量。

3.2.4　数字万用表

数字万用表是在数字电压表基础上，通过增加电流-电压转换器(I-U)、电阻-电压转换器(R-U)、电容-电压转换器(C-U)、频率-电压转换器(f-U)等电路模块，实现对交流电压、直流电压、交流电流、直流电流、电阻、电容、二极管通断等性能及功能的测试，其基本组成框图如图 3-16 所示。

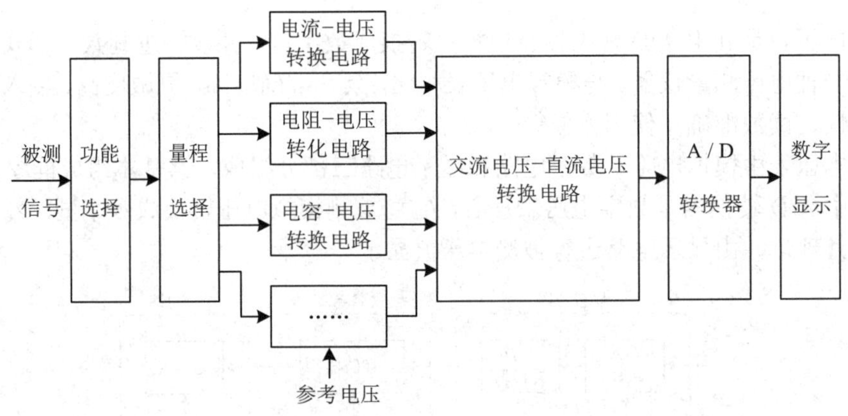

图 3-16　数字万用表基本组成框图

数字万用表基本工作原理是：首先将被测信号转换成模拟电压信号，然后由 A/D 转换器将模拟电压转换成数字量，再经过数字电路处理得到测量结果，最后由译码显示电路将测量结果显示出来。

3.3　电压表主要技术指标

按照模拟电压表和数字电压表来分别介绍其主要技术指标。

3.3.1　模拟电压表

1. 测量电压范围

测量电压范围是指模拟电压表有效测量的最小电压值到最大电压值之间的范围，如某型号电压表的测量电压范围是 100 μV～300 V。

2. 电压频率范围

电压频率范围是指模拟电压表有效测量的电压的最小频率值到最大频率值之间的范围，如某型号模拟电压表的电压频率范围是 10 Hz～1 MHz。

3. 测量误差

测量误差是指模拟电压表测量结果的实际相对误差，如某型号模拟电压表的测量误差

是 ± 3%。

4. 输入阻抗

输入阻抗是指模拟电压表的内阻。输入阻抗越高，越不会影响被测电路的电压，测量结果也会越精确，如某型号模拟电压表的输入阻抗是 2 MΩ。

3.3.2　数字电压表

1. 测量电压范围

测量电压范围是指数字电压表有效测量的最小电压值到最大电压值之间的范围，通常包括基本量程和扩展量程两部分。基本量程是指不经衰减或放大的电压测量范围，由 A/D 转换器的动态范围决定，其测量误差最小。扩展量程是指对输入电压按照一定倍数(通常为 10 倍)进行放大或衰减后的电压测量范围，其测量误差偏大。

如某型号数字电压表的测量电压范围是：基本量程在 0～10 V 这个范围内；经过扩展后其扩展量程分为 5 挡，分别是 0.1V、1 V、10 V、100 V、1000 V。

2. 显示位数

能够完整显示 0～9 这 10 个数码的位数称为完整显示位，而不能完整显示 0～9 这 10 个数码的位数称为非完整显示位，有时也称为半位。

如某型号数字电压表的显示位数是：4 位表示其能显示的最大数字为 9999；4 位半表示其能显示的最大数字为 19999。

说明：能显示 0 和 1 的非完整显示位通常称为 1/2 显示位；能显示 0～5 的非完整显示位通常称 3/4 显示位。

3. 分辨率

分辨率又称为灵敏度，是指能显示被测电压最小电压变化量的能力，即显示器末位跳变一个字所需的最小电压变化值，其单位为 V/字。

在不同量程上，数字电压表的分辨率是不同的，数字电压表的最小量程具有最高分辨率。如某型号数字电压表为 3 位半数字电压表，总量程为 199.9 mV，则其分辨率为 0.1 mV/字，表示输入变化 0.1mV，显示末位数字变化 1 个字。

4. 测量误差

测量误差是指数字电压表在基准条件下测量结果的固有误差，具体如式(3-1)所示。

$$\Delta U = \pm(\alpha\% \bullet U_x + \beta\% \bullet U_{\mathrm{m}}) \tag{3-1}$$

式中：U_x 为被测电压示值；U_{m} 为其量程的满度值；α 为误差的相对项系数；$\alpha\% \bullet U_x$ 为读数误差，随被测电压而变化；β 为误差的固定项系数；$\beta\% \bullet U_{\mathrm{m}}$ 为满度误差，对于给定量程，此值不变。

5. 测量速率

测量速率是指数字电压表在单位时间内以规定的准确度完成的最大测量次数，它主要取决于 A/D 转换器的转换速度。其中，积分型数字电压表测量速率较低，比较型数字电压表测量速率较高。通常，低速高精度数字万用表的测量速率在几次/秒至几十次/秒。

6. 测量精度

测量精度取决于数字电压表的固有误差和使用时的附加误差，通常包括读数误差和满度误差两部分。读数误差与当前读数有关；满度误差与当前读数无关，只与选用的量程有关。当被测量读数较小时，满度误差影响大。一般测量时应使被测量大于满量程的 2/3。

7. 输入阻抗

输入阻抗是指数字电压表的内阻。输入阻抗越高，就越不会影响被测电路的电压，测量结果也就会越精确。如某型号数字电压表的输入阻抗是 10 MΩ。

有关模拟电压表与数字电压表的主要区别如表 3-2 所示。

表 3-2　模拟电压表与数字电压表主要区别一览表

模 拟 电 压 表	数 字 电 压 表
用电磁式指针进行指针显示	用数码管、液晶屏等进行数字显示
精度低、稳定、反应快	精度高、较稳定、反应较快
通常指针显示不易读取数据，但指针显示具有一定的连续性	通常数字式显示容易读取数据，但数字显示具有不连续性

3.4　电压表使用注意事项

使用各类电压表时，应认真阅读有关使用说明书，熟悉电源开关、量程开关、插孔、特殊插孔的作用及使用方法。下面分别对模拟电压表、数字电压表、模拟万用表、数字万用表的使用注意事项进行说明。

3.4.1　模拟电压表

1. 测量前

1) 电池检查

将模拟电压表的 ON/OFF 开关置于 ON 位置，检查 9 V 电池是否有电。如果电池电压不足，则模拟电压表正、负极搭接时，其指针转动会变得缓慢，这时要更换电池。

2) 连接线缆检查

模拟电压表的连接线缆要能负担测量时的电流而不致过热，并且不能产生很大的压降而影响测量结果。

通常要使用模拟电压表自带的专用连接线缆，并保持连接线缆干净、牢靠，以免接触不良而影响测量结果。

2. 测量中

1) 指针调零

测量前，需要对模拟电压表的指针进行调零处理，通过模拟电压表上的调零螺钉旋钮将指针调到零点位置上，以保证测量结果的正确。

测量时，应将模拟电压表水平放置，以减少指针转动误差。

2) 量程选择

测量前，要预先估计被测电压或电流最大值，以便选择合适的量程，以免模拟电压表过载而损坏。选择模拟电压表量程时，以被测量的 1.5～2 倍为宜。

测量时，不能旋转量程开关，特别是测量高电压和大电流时，严禁带电切换量程，以免将量程切换开关烧坏；如需换挡，应先断开表笔，换挡后再去测量。

3) 测量范围

测量时，被测电压或电流的大小不应超过模拟电压表的最大输入值，以免模拟电压表内部线路受到损伤，损坏模拟电压表。

3. 测量后

1) 保养

测量完毕后，应将模拟电压表的量程选择开关旋至交流电压挡的最高挡位上，以便最大限度地防止输入高电压而将模拟电压表烧坏。

如果长期不用，应将模拟电压表内部电池取出来，以免电池腐蚀表内器件。

2) 搬运

在搬运模拟电压表时，不要有强烈的震动或撞击，以免损坏模拟电压表零部件，特别是模拟电压表的轴承和游丝。

3.4.2　数字电压表

1. 测量前

1) 电池检查

将数字电压表的 ON/OFF 开关置于 ON 位置，检查电池是否有电。如果电池电压不足，则数字电压表显示器上的显示会变得模糊，这时要更换电池。

2) 连接线缆检查

数字电压表的连接线缆也要能负担测量时的电流而不致过热，并且不能产生很大的压降而影响测量结果。

通常要使用数字电压表自带的专用连接线缆，并保持连接线缆干净、牢靠，以免接触不良而影响测量结果。

2. 测量中

1) 量程选择

测量前，要预先估计被测电压或电流最大值，以便选择合适的量程，以免数字电压表过载而损坏。选择数字电压表量程时，以被测量的 1.5～2 倍为宜。

测量时，不能旋转量程开关，特别是测量高电压和大电流时，严禁带电切换量程，以免将量程切换开关烧坏；如需换挡，应先断开表笔，换挡后再去测量。

2) 测量范围

测量时，被测电压或电流的大小不应超过数字电压表的最大输入值，以免数字电压表内部线路受到损伤，损坏数字电压表。

3. 测量后

1) 保养

测量完毕后，应将数字电压表的量程选择开关旋至交流电压挡的最高挡位上，以便最大限度地防止输入高电压而将数字电压表烧坏。

如果长期不用，应将数字电压表内部电池取出来，以免电池腐蚀表内器件。

2) 搬运

在搬运数字电压表时，不能有强烈的震动或撞击，以免损坏数字电压表内部电路。

3.4.3 模拟万用表

1. 测量前

1) 电池检查

将模拟万用表的 ON/OFF 开关置于 ON 位置，检查 9 V 电池是否有电。如果电池电压不足，则模拟万用表正、负极搭接时，其指针转动会变得缓慢，这时要更换电池。

2) 连接线缆检查

模拟万用表的连接线缆要能负担测量时的电流而不致过热，并且不能产生很大的压降而影响测量结果。

通常要使用模拟万用表自带的专用连接线缆，并保持连接线缆干净、牢靠，以免接触不良而影响测量结果。

2. 测量中

1) 指针调零

测量前，需要对模拟万用表的指针进行调零处理，通过模拟万用表上的调零螺钉旋钮将指针调到零点位置上，以保证测量结果的正确。

测量时，应将模拟万用表水平放置，以减少指针转动误差。

2) 量程选择

测量前，要预先估计被测电压或电流最大值，以便选择合适的量程，以免模拟万用表过载而损坏。选择模拟万用表量程时，以被测量的 1.5～2 倍为宜。

测量时，不能旋转量程开关，特别是测量高电压和大电流时，严禁带电切换量程，以免将量程切换开关烧坏；如需换挡应先断开表笔，换挡后再去测量。

3) 测量范围

测量时，被测电压或电流的大小不应超过模拟万用表的最大输入值，以免模拟万用表内部线路受到损伤，损坏模拟万用表。

3. 测量后

1) 保养

测量完毕后，应将模拟万用表的量程选择开关旋至交流电压挡的最高挡位上，以便最大限度地防止输入高电压而将模拟万用表烧坏。

如果长期不用，应将模拟万用表内部电池取出来，以免电池腐蚀表内器件。

2) 搬运

在搬运模拟万用表时，不要有强烈的震动或撞击，以免损坏模拟万用表零部件，特别是模拟万用表的轴承和游丝。

3.4.4 数字万用表

1. 测量前

1) 电池检查

将数字万用表的 ON/OFF 开关置于 ON 位置，检查电池是否有电。如果电池电压不足，则数字万用表显示器上的显示会变得模糊，这时要更换电池。

2) 连接线缆检查

数字万用表的连接线缆也要能负担测量时的电流而不致过热，并且不能产生很大的压降而影响测量结果。

通常要使用数字万用表自带的专用连接线缆，并保持连接线缆干净、牢靠，以免接触不良而影响测量结果。

2. 测量中

1) 量程选择

测量前，要预先估计被测电压或电流最大值，以便选择合适的量程，以免数字万用表过载而损坏。选择数字万用表量程时，以被测量的 1.5～2 倍为宜。

测量时，不能旋转量程开关，特别是测量高电压和大电流时，严禁带电切换量程，以免将量程切换开关烧坏；如需换挡应先断开表笔，换挡后再去测量。

2) 测量范围

测量时，被测电压或电流的大小不应超过数字万用表的最大输入值，以免数字万用表内部线路受到损伤，损坏数字万用表。

3. 测量后

1) 保养

测量完毕后，应将数字万用表的量程选择开关旋至交流电压挡的最高挡位上，以便最大限度地防止输入高电压而将数字万用表烧坏。

如果长期不用，应将数字万用表内部电池取出来，以免电池腐蚀表内器件。

2) 搬运

在搬运数字万用表时，不要有强烈震动或撞击，以免损坏内部电路。

3.5 电压表典型产品选型

3.5.1 基本选型原则

1. 电压表选型原则

在选择电压表时，其选取原则主要是电压表的测量对象、量程、频率范围、输入阻抗等指标能满足被测信号的要求，具体说明如下。

(1) 根据被测电压的种类，如直流、交流、脉冲、噪声等，选择相应的电压表类型。

(2) 根据被测电压的大小选择量程合适的电压表。量程的下限应有一定的灵敏度，量程的上限应尽量不使用分压器，以减少误差。另外，选用时尽可能接近实际测量范围，太大则示数不精确(误差大)，太小则有损坏仪表的可能。比如用伏安级的量程去测毫伏安的电路，误差很大，反之就会烧表。

(3) 确保被测电压的频率不超出电压表的频率范围。即使在频率范围内，也应当注意到电压表各频率的频率附加误差，在可能的情况下，应尽量使用附加误差小的频段。

(4) 在其他条件相同的情况下，应尽量选择输入阻抗大的电压表；在测量高频电压时，应尽量选择输入电容小的电压表。

(5) 在测量非正弦波电压时，应根据被测电压波形的特征，适当选择电压表的类型(峰值型、均值型或者有效值型)，以便正确理解读数的含义并对其进行修正。

(6) 根据被测电路对测量精度的要求进行选择，在工程测量中，既要考虑到精度要求，又要照顾经济成本。

2. 万用表选型原则

万用表选型原则基本上同电压表类似，具体说明如下。

(1) 灵敏度。灵敏度是万用电表的一个重要参数，一般以直流电压灵敏度最为重要。灵敏度高的万用表测量的准确性也高，但价格也相应较贵，体积也大些。

(2) 挡位。挡位通常分为直流电压挡和直流电流挡，选购时应看这两种挡位的量程是否满足测量要求，是否符合用户使用习惯。

(3) 功能。通常按照实际需要选择万用表的功能，有些功能虽然暂时用不到，但是以后可能会用到，选取时也需要考虑。

(4) 精度。在预算允许的情况下，精度越高越好。精度与数字万用表的位数、环境及硬件电路有关，数字万用表的位数越多，精度越高。

3.5.2　主要生产厂家

1. 国外主要厂家

1) 美国福禄克仪器公司

美国福禄克仪器公司(FLUKE)成立于 1948 年，总部设在美国华盛顿州埃弗里德市，是丹纳赫(Danaher)集团全资子公司。自创办以来，福禄克公司始终致力于为用户提供各类测试和检测所需的优质电子仪器仪表产品。

1978 年福禄克公司进入中国，首先在北京建立了维修站，随后成立了办事处，是最早在中国成立办事机构的外国电子企业之一。

福禄克公司是一家跨国公司，在中国、英国，荷兰和美国等地设有公司，其销售和服务网络遍布亚洲、欧洲及北美洲等。

2) 美国吉时利仪器公司

美国吉时利仪器公司成立于 1946 年，2010 年吉时利公司加入泰克公司，作为美国丹纳赫集团测试测量事业部门的一部分。

自创立之初，吉时利公司始终致力于不断变化的测试与测量科技探索与追求，特别是对极弱电学测量提供了精确的测量解决方案，其产品主要定位在高精度电子测量仪器和需要对电压、电阻、电流、电容和电荷进行精细测量的数据采集产品，以及为大规模生产和组装测试提供完整的测试方案。

吉时利公司的产品在全球 80 多个国家销售，凭借新的测试测量技术赢得了行业赞誉。

3) 日本三和仪器公司

日本三和仪器公司成立于 1941 年，自创办以来，三和公司始终致力于各类模拟万用表、数字万用表、钳形表以及其他各类测试仪表的开发和生产。

从 1954 年开始，日本三和公司产品开始出口到日本以外国家，经过数代人不懈努力，现已在全球 70 多个国家及地区建立了销售网络，使世界各地的用户都能使用到满意的三和产品。

4) 日本横河仪器公司

日本横河仪器公司成立于 1915 年，总部位于东京。自创办以来，横河公司作为一家测量、工业自动化控制和信息系统引领者，一直致力于为用户提供尖端专业测试技术和产品。

2. 国内主要厂家

1) 深圳胜利仪器公司

深圳胜利仪器公司成立于 1989 年，总部位于广东省深圳市。胜利仪器公司是一家专业从事数字仪器、仪表研发、生产、经营的高科技企业。经过多年发展，形成了以 VC、VICTOR、DM 三大系列为主的数字仪器仪表，得到广大用户认可和喜爱，成长为信得过的品牌。

目前，胜利仪器公司营销网络遍布全国所有省、市，在各大中城市均设有特约经销商、网点和办事处。另外其产品还远销全球一百多个国家和地区。

2) 优利德仪器公司

优利德科技(中国)股份有限公司成立于 1988 年，总部位于广东省东莞市松山湖高新科技园区。优利德仪器公司面向全球用户，提供电子测试仪表、温度及环境测试仪表、测绘测量仪表、电力及高压测试仪表以及测试仪器、高等院校实验室综合解决方案，并提供物联网智能测量传感器产品及各种传感技术定制开发服务。

目前，优利德仪器公司遍布全球九十多个国家的六百多个战略合作伙伴向全球客户销售产品。

3.5.3 典型产品介绍

1. 模拟电压表

CA2171 型电压表(也称为 CA2171 型毫伏表)是一款模拟电压表，如图 3-17 所示。

图 3-17　CA2171 型模拟电压表

(1) 产品概述。

CA2171 型模拟电压表采用一只同轴指针电表指示测量结果，广泛用于立体声收录机、立体声电唱机等立体声音响测试。

(2) 主要技术指标。

CA2171 型模拟电压表的主要技术指标如表 3-3 所示。

表 3-3　CA2171 型模拟电压表主要技术指标一览表

电压测量范围	30 μV～100 V
频率测量范围	10 Hz～2 MHz
输入阻抗	≥1 MΩ，≤50 pF
噪声电压	小于满刻度 3%
基准条件下电压误差	±3%
基准条件下的频响误差(以 1 kHz 为准)	
频率	误差
20 Hz～100 kHz	±3%
10 Hz～2 MHz	±8%
依照手册指定环境条件工作时的电压误差	
频率	误差
2 Hz～100 kHz	±5%
10 Hz～2MHz	±10%

2. 数字万用表

VC890C+ 型万用表是一款数字万用表，如图 3-18 所示。

(1) 产品概述。

VC890C+ 型数字万用表整机以双积分 A/D 转换器为核心，采用了 40 mm 字高 LCD 数字显示器，读数清晰、使用方便。

VC890C + 型万用表可以测量直流电压和交流电压、直流电流和交流电流、电容、电阻、二极管、三极管通断测试、温度测试等。

图 3-18 VC890C+ 型数字万用表

(2) 主要技术指标。

VC890C+ 型数字万用表的主要技术指标见下表 3-4 所示。

表 3-4 VC890C+ 型数字万用表主要技术指标一览表

基本功能	量 程	基本准确度
直流电压	200 mV/2 V/20 V/200 V/1000 V	± (0.5% + 3)
交流电压	2 V/20 V/200 V/750 V	± (0.8% + 5)
直流电流	200 μA/2 mA/20 mA/200 mA/20 A	± (0.8% + 10)
交流电流	20 mA/200 mA/20 A	± (2.0% + 5)
电阻	200 Ω/2 k Ω/20 kΩ/200 kΩ/2 MΩ/20 MΩ	± (0.8% + 3)
电容	2nF/20nF/200μF/2000μF	± (2.5%+20)
温度	(−20～1000)℃	<400℃ ± (1.0% + 5) ≥400℃ ± (1.5% +15)

3.6 扩展知识

交流电压是一类特殊的电压信号，除了用具体的函数关系式表达其大小随时间变化的规律外，通常还用峰值、平均值、有效值等参数来表征，而各表征参数之间的关系可用波形因素、波峰因数来表示。

1. 峰值

峰值是交变电压 $u(t)$在所观察的时间内或一个周期内偏离零电平的最大电压幅值，记为 U_P，正、负峰值不等时分别用 U_{P+} 和 U_{P-} 表示。

$u(t)$在一个周期内偏离直流分量(平均值)U_0 的最大值称为幅值或振幅值，记为 U_m，正、负幅值不等时分别用 U_{m+}、U_{m-} 表示，具体如图 3-19 所示。

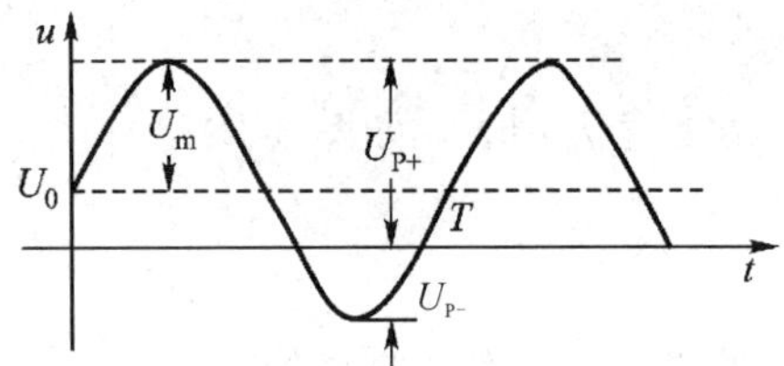

图 3-19　峰值电压表示原理图

说明：

(1) 峰值以零电平为参考电平，振幅值以直流分量为参考电平；

(2) 对于不含直流分量的正弦交流信号，振幅值等于峰值，且正负峰值相等。

2. 平均值

交流电压平均值的定义是：单位时间内交流电压值的积分和，简称均值，其数学计算式为

$$\bar{U}=\frac{1}{T}\int_0^T u(t)\mathrm{d}t \tag{3-2}$$

按照上述定义，对于常见的正、负半周期波形对称且不含直流分量的纯交流电压信号而言，其平均值为零。由此不难看出，不同交流信号的平均值有可能相同，交流电压的平均值定义不能唯一说明信号的特征，其在工程应用中存在一定的局限性。

我们通常规定交流电压的平均值是指经过检波后的平均值。根据检波器的种类不同，又可分为全波平均值和半波平均值。

(1) 全波平均值。

全波平均值：

$$\bar{U}=\frac{1}{T}\int_0^T |u(t)|\mathrm{d}t \tag{3-3}$$

(2) 半波平均值。

正半波平均值：

$$\bar{U}=\frac{1}{T}\int_0^T u(t)\mathrm{d}t \quad u(t)\geqslant 0 \tag{3-4}$$

负半波平均值：

$$\bar{U}=\frac{1}{T}\int_0^T |u(t)|\mathrm{d}t \quad u(t)<0 \tag{3-5}$$

说明：一般若无特别说明，交流电压的平均值均指全波平均值。

3. 有效值

交流电压有效值的定义为：交流电压 $u(t)$在一个周期内施加于一个纯电阻负载所产生的热量与一直流电压在同样情况下产生的热量相等时，这个直流电压值就是交流电压的有效值。有效值又称为均方根值，用 U 表示，其数学计算式为

$$U=\sqrt{\frac{1}{T}\int_0^T u^2(t)\mathrm{d}t} \tag{3-6}$$

按照上述有效值的定义，对于理想的正弦交流电压，其有效值为

$$U = \frac{1}{\sqrt{2}} U_{\mathrm{m}} \approx 0.707\, U_{\mathrm{m}} \tag{3-7}$$

说明：

(1) 作为表征交流电压的一个参量，有效值比峰值、平均值的应用更为普遍；

(2) 通常所说的交流电压的量值就是指它的有效值。

4. 波形因数

为了表征同一交流信号的有效值与平均值之间的关系，引入波形因数。波形因数用符号 K_F 来表示，其定义为交流电压的有效值与平均值之比，即

$$K_{\mathrm{F}} = \frac{U}{\overline{U}} \tag{3-8}$$

例如，对于正弦波信号则有

$$K_{\mathrm{F}} = \frac{U}{\overline{U}} = \frac{(1/\sqrt{2})U_{\mathrm{P}}}{(2/\pi)U_{\mathrm{P}}} = \frac{\pi}{2\sqrt{2}} \approx 1.11 \tag{3-9}$$

5. 波峰因数

为表征同一交流信号的峰值与有效值之间的关系，引入了波峰因数。波峰因数用符号 K_P 来表示，其定义为交流电压的峰值与有效值之比，即

$$K_{\mathrm{P}} = \frac{U_{\mathrm{P}}}{U} \tag{3-10}$$

例如，对于正弦波信号则有

$$K_{\mathrm{P}} = \frac{U_{\mathrm{P}}}{(1/\sqrt{2})U_{\mathrm{P}}} = \sqrt{2} \approx 1.414 \tag{3-11}$$

对于不同的电压波形，其 K_F、K_P 值会有所不同。

本章总结

本章首先介绍了电压表的发展历程、主要分类及主要用途；然后详细分析了电压表的基本结构及工作原理、电压表的主要技术指标；最后介绍了电压表的使用注意事项、电压表的典型产品选型。

本章对电压表的基础知识进行了系统的介绍，为后续各类电压表的操作和应用奠定了技术基础。

课后习题

1. 选择题(单项选择)

(1) 一款数字万用表的最大显示数字为 19999，在 2V 量程时的分辨率是_____。

A. 0.001 V　　B. 0.0001 V　　C. 0.01 V　　D. 0.00001 V

(2) 通常，数字电压表的准确度_____指针式仪表的准确度。

A. 远高于　　B. 低于　　C. 近似于　　D. 相同于

(3) 均值电压表和峰值电压表在测量非正弦波电压时都会有波形误差，其数值(不考虑符号)前者_____后者。

A. 大于　　B. 小于　　C. 相同于　　D. 无法确定

(4) 测量某未知波形的非正弦波电压时，无有效值电压表可用，为减小波形误差，应选择_____进行测量。

A. 均值电压表　　B. 峰值电压表　　C. 都可以　　D. 无法选择

2. 判断题(正确的在后面括号内打√、错误的打×)

(1) 数字电压表的测量精度都高于模拟电压表的测量精度。　(　)

(2) 平均值不能唯一表征一个交流电压信号的电压值。　(　)

(3) 模拟电压表不用调零就可以进行电压测量。　(　)

(4) 数字电压表开机后需要等待 10 分钟才能进行电压测量。　(　)

3. 简答题

(1) 常用的模拟电压表和数字电压表各有几种类型？

(2) 通常交流电压有哪几种表征方法？

(3) 常用的模拟电压表有哪些主要技术指标？

(4) 常用的数字电压表有哪些主要技术指标？

第 4 章　示　波　器

自从人类发明了电，便需要对电信号的基本特性和性能参数进行了解。由于电信号不能被人类感官直接感知(此法很危险!)，因此需要设计一类测试仪器将电信号按照特定的规律显示出来，以便对其进行各类参数测量。

随着阴极射线管的发明以及电视、雷达等设备的开发和应用，一类新型电信号测量设备——示波器应运而生。

本章首先介绍了示波器的发展历程、主要分类及主要用途；然后详细分析了示波器的基本结构及工作原理，示波器的主要技术指标；最后介绍了示波器的使用注意事项，示波器的典型产品选型。

4.1　示波器概述

示波器是一种可以直观地显示电信号的时域波形图的电子测量仪器，由此时域波形图便可直接获得电信号的电压、频率、周期、相位等参数，并且还可以间接观测到电路的其他参数和特性曲线。另外，示波器通过加入相关传感元件还可以测量各类非电量信号，从而使其在科研、生产、生活等各个领域获得了广泛应用，是最常用的电子测量仪器之一。

4.1.1　发展历程

示波器出现至今才 100 多年，真正的发展也就 70 多年的时间，其发展经历了模拟示波器、数字示波器、混合示波器、虚拟示波器 4 个主要阶段，其发展历程说明如下。

1. 技术准备

1879 年，英国化学家、物理学家威廉·克鲁克斯成功研制了后来用他的名字命名的阴极射线管——克鲁克斯管，为后续阴极射线、X 射线和电子的发现创造了条件，图 4-1 所示为阴极射线管。

图 4-1　阴极射线管

1897 年，德国物理学家卡尔·费丁南德·布劳恩利用阴极射线管原理发明了世界上第一台阴极射线管示波器，图 4-2 所示为阴极射线管示波器。

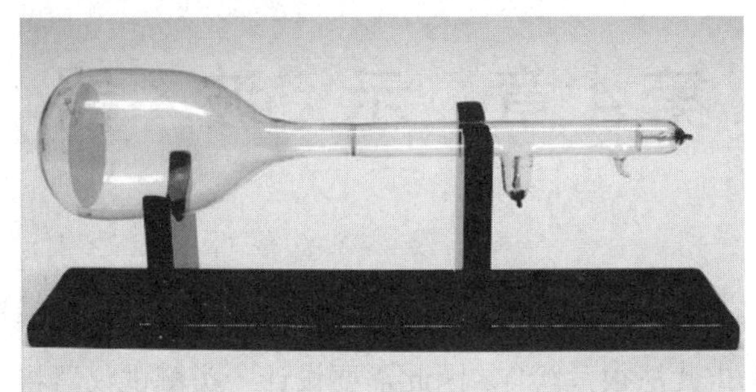

图 4-2　阴极射线管示波器

连布劳恩自己都没有想到，这种粗陋的装置在几十年后不但演化为大众娱乐工具电视，甚至还演化为重要军事设备雷达，同时还演化出了电子工业和科研实验中最常用的一种电子测量仪器，即示波器。

2. 第一代模拟示波器

示波器真正成为工程师们手头的必备工具是在 1947 年之后。此后几十年中，美国泰克公司(Tektronix)和惠普公司一直引领着模拟示波器技术的发展潮流。

1947 年，Tektronix 公司推出了带有触发功能的 TEK511 示波器。此前人们只能定性查看，而无法将波形稳定显示在屏幕上以便进行更好的测量，图 4-3 所示为世界上第一台模拟示波器 TEK511 内部结构图。

1969 年，Tektronix 公司在持续改进模拟示波器的功能和可用性后，首先确立了模块化概念，推出了 7000 系列示波器。

1979 年，Tektronix 公司在模拟示波器领域的技术水平达到了巅峰，推出了 1 GHz 带宽的 7104 模拟示波器，如图 4-4 所示。

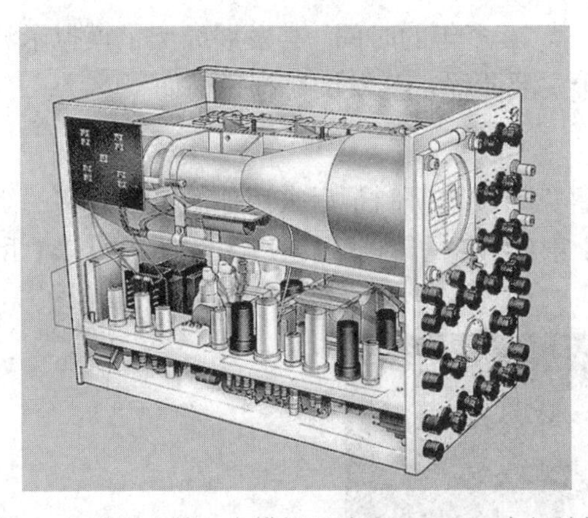

图 4-3　世界上第一台模拟示波器 TEK511 内部结构图

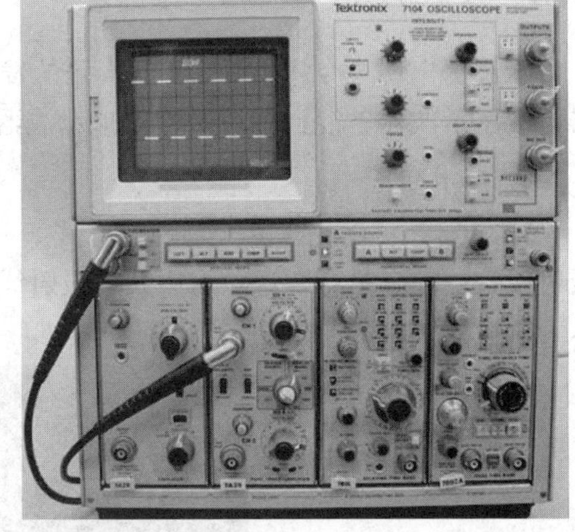

图 4-4　高性能模拟示波器 TEK 7104

1983 年，Tektronix 公司推出了采用集成电路的 2465 系列模拟示波器产品，模拟示波器开发技术也达到了一个全新高度，实现了许多类似数字示波器的功能。

3. 第二代数字示波器

数字示波器的发明最早可以追溯到 1971 年，由美国力科公司(LeCroy)首创，然而真正将其商业化却是美国惠普公司和泰克公司，正是他们的贡献才使得数字示波器性能在 90 年代全面超越了模拟示波器。

1971 年，美国力科公司制造了世界上第一台数字示波器 WD2000，具有 100 MHz 带宽，如图 4-5 所示。

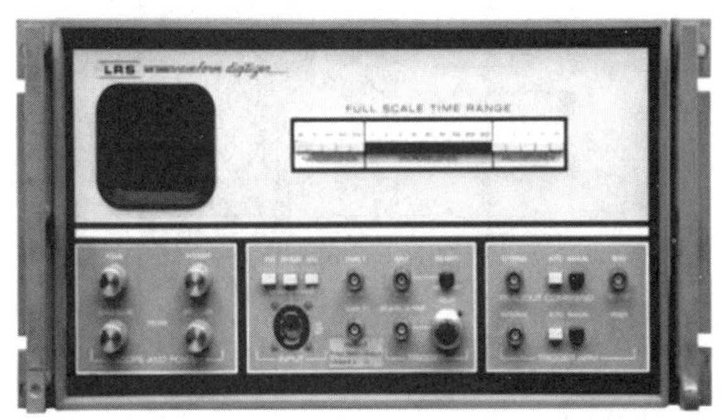

图 4-5 美国力科 WD2000 数字示波器

1972 年，英国尼高力公司(Nicolet)制造了数字示波器 1090A。

20 世纪 80 年代的数字示波器处在转型阶段，还有不少地方需要改进，美国惠普公司和泰克公司都对数字示波器的发展做出了贡献。

进入 20 世纪 90 年代，数字示波器在性能上全面超越了模拟示波器，出现了所谓数字示波器模拟化现象，就是尽量吸收模拟示波器的优点，使数字示波器更好用。

4. 第三代混合示波器

1996 年，美国惠普公司发明了世界上第一台混合信号示波器 54645D，如图 4-6 所示。

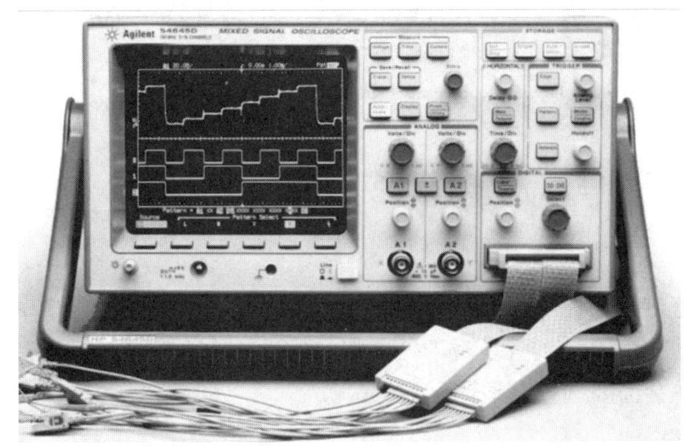

图 4-6 第一台混合示波器 54645D

5. 第四代虚拟示波器

进入 20 世纪 90 年代，基于通用计算机技术、总线技术和软件技术，出现了一种新型电子测量仪器——虚拟仪器。

相比较于之前的各类独立电子测量仪器，虚拟仪器具有软件就是仪器的特点，用户可以对仪器功能进行自定义和扩展，从而使得仪器的开发模式发生了根本改变，满足了用户对电子测量仪器功能的定制化需求。

基于 PXI 总线技术的虚拟示波器如图 4-7 所示。

图 4-7　虚拟示波器 NI-PXIe 5162

图 4-8 所示为示波器发展历程中的主要事件及关键人物。

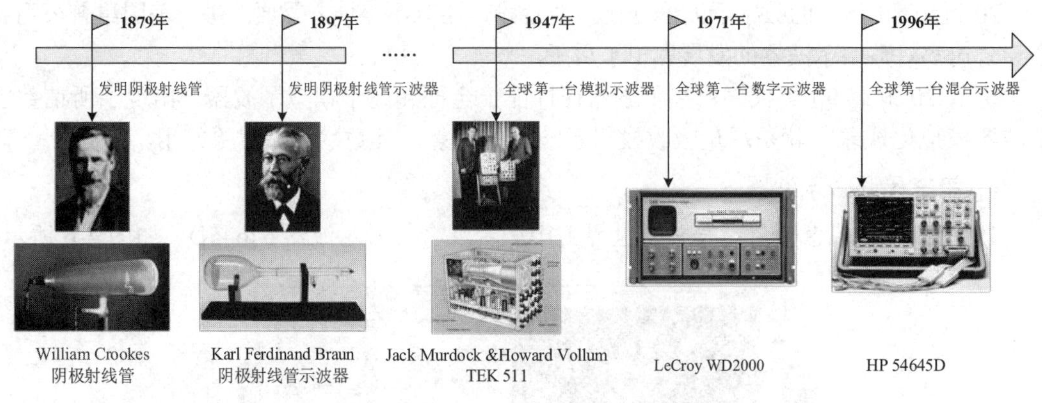

图 4-8　示波器发展主要事件及关键人物

4.1.2　主要类型

通常，示波器可分为模拟示波器和数字示波器两大类。对于大多数测量场合，模拟示波器和数字示波器均可胜任。只是对于一些特定应用，由于模拟示波器和数字示波器所具备的不同特性，才会需要选择合适的示波器。

1. 模拟示波器

模拟示波器是采用模拟电路技术制作的一类早期示波器，主要由阴极射线示波管(电子枪、荧光屏)、偏转系统等部件构成。

模拟示波器中的电子枪产生高速电子，经聚焦后形成电子束，在偏转系统的方向控制下，最终打到荧光屏上，荧光屏内表面涂有荧光物质，这样电子束打中的点就会发出光，从而形成人眼可见的线条图形。

图 4-9 所示为某型号模拟示波器实物图。

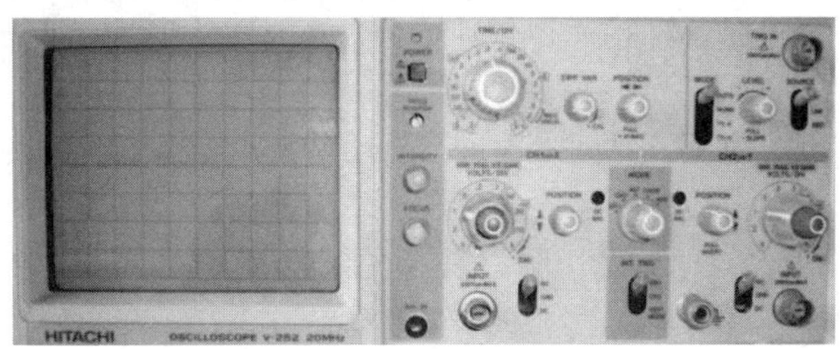

图 4-9　模拟示波器实物图

模拟示波器主要优点如下。

(1) 操作简单。全部操作都在面板上，波形反应及时，所见即所得。

(2) 抗干扰强。波形更干净，无过多噪声耦合。

(3) 数据更新快。每秒钟捕捉几十万帧波形，波形更新速度快。

(4) 实时带宽和实时显示。连续波形与单次波形的带宽相同，数字示波器的带宽与采样率密切相关，采样率低时需借助内插计算，容易出现混淆波形。

总之，模拟示波器为工程技术人员提供眼见为实的波形，在规定的带宽内可非常放心地进行测试。人类五官中眼睛视觉十分灵敏，屏幕波形瞬间反映至大脑作出判断，微细变化都可感知。因此，模拟示波器深受使用者的欢迎。

2. 数字示波器

数字示波器是在模拟示波器的基础上，通过采用 A/D 转换器、数字信号处理、图形显示等数字技术所开发出来的一类新型示波器。

数字示波器将采集到的模拟电压信号用数字的方式显示在显示器上，并对数字电压信号进行保存和处理。

图 4-10 所示为某型号数字示波器实物图。

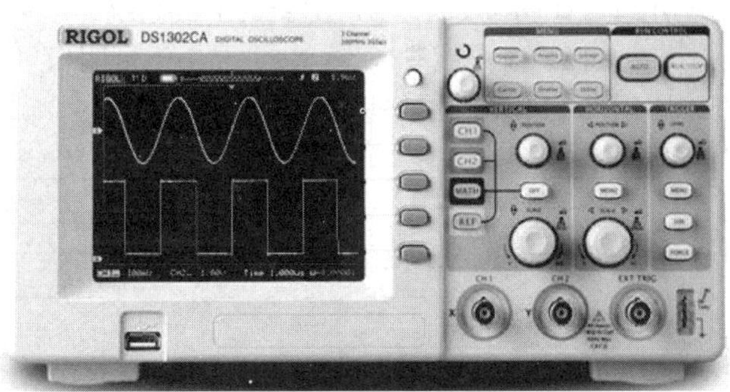

图 4-10　数字示波器实物图

数字示波器主要优点如下。

(1) 存储功能。数字示波器都有存储功能，不光能存储设置，还能存储波形。正是利用了模拟示波器所不具备的特点，导致了应用上的诸多便利。

(2) 触发功能。不仅有模拟示波器简单的边沿触发功能，脉宽和单次触发更是首次引入，目前几乎所有的数字示波器都有这 3 种基本功能，触发位置设定可以任意定义触发点。

(3) 捕获能力。可选的采样模式有峰值、平均、包络，可方便地捕获毛刺。

(4) 运算能力。不仅可进行数学运算，还能进行 FFT 分析。

(5) 均匀显示。无论是高速信号、低速信号，还是单次脉冲、重复波形，显示亮度一样均匀。

(6) 自动测量。可对电压、时间参数进行自动测量，减少了读数误差。

(7) 自动校准。开机自检，不需要人工对水平和垂直进行校准；

(8) 接口功能。与计算机、打印机、绘图仪能方便地进行接口连接。

4.1.3 主要用途

示波器是一种能够显示电压信号动态波形图的电子测量仪器。它能将时变的电压信号转换为时域曲线，将原来不可见的电信号转换为二维平面上直观可见的光信号，从而能观察电压信号的变化趋势、分析电压信号时域特性。

示波器主要用途有：可直观地显示电信号的时域波形图像，根据波形可获得信号的电压、频率、周期、相位等参数；可间接地观测电路的有关特性(如电路的抗干扰能力等)及元器件的伏安特性；经过各种传感器的转换，示波器可以测量各种非电量；示波器可以工作在 X-Y 模式下，可用来反映相互关联的两信号之间的关系。

总之，示波器在科学研究、工农业生产、医疗卫生等领域应用广泛。

4.2 示波器基本结构及工作原理

4.2.1 模拟示波器

1. 基本硬件结构

模拟示波器基本硬件组成如图 4-11 所示，主要由主机系统、水平系统(X 系统)、垂直系统(Y 系统)等构成。其中主机系统是核心部件，它主要由一台阴极射线示波管构成，有关阴极射线示波管的基本原理参见本章扩展知识。

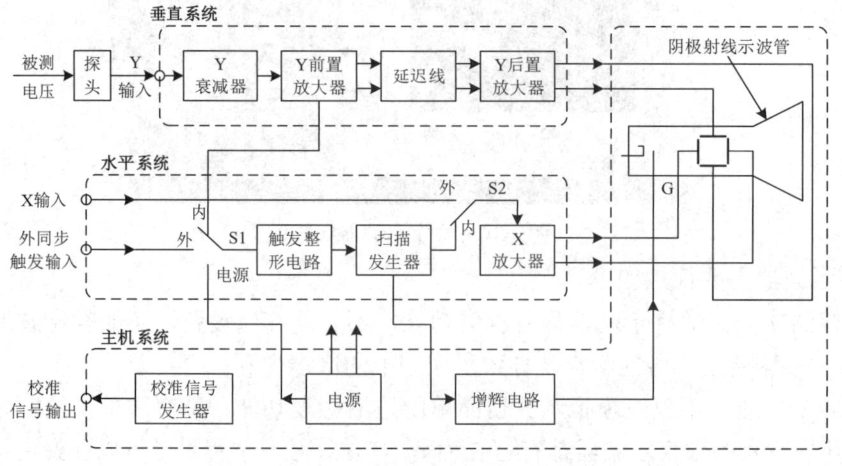

图 4-11　模拟示波器基本硬件组成框图

1) 主机系统

主机系统主要由阴极射线示波管、增辉电路、电源、校准信号发生器等构成。

其主要作用是：电源电路将交流电变换成多种高、低压电源，以满足阴极射线示波管及其他电路的工作需要；显示电路给示波管的各电极加上一定数值的电压，使电子枪产生高速聚束的电子流；校准信号发生器则提供幅度、周期都很精确的方波信号，用做校准示波器的有关性能指标。

2) 水平系统(X 系统)

水平系统主要由触发整形电路、扫描发生器、X 放大器等构成，具体如图 4-12 所示。

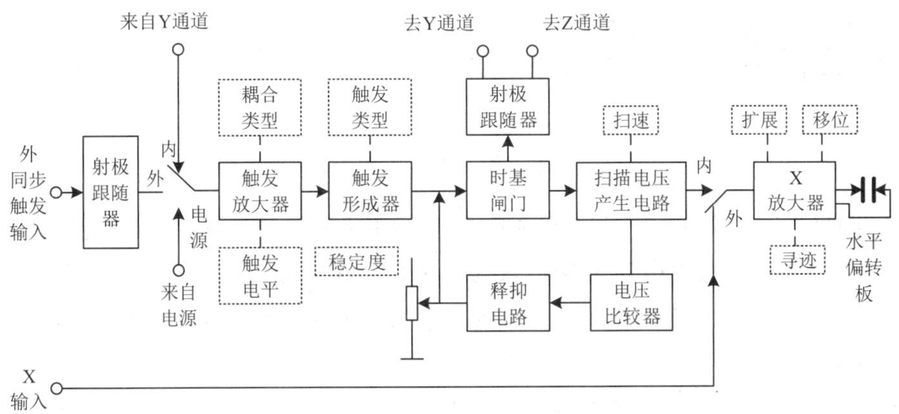

图 4-12　水平系统基本硬件组成框图

水平系统的主要作用是：产生并放大一个与时间呈现线性关系的锯齿波电压，形成时间基线；能选择适当的触发或同步信号，产生稳定的扫描电压，以确保显示波形的稳定；能产生增辉或消隐信号，去控制示波器的 Z 通道。

3) 垂直系统(Y 系统)

垂直系统主要由输入电路、Y 衰减器、Y 放大器(Y 前置放大器、Y 后置放大器)、延迟线、触发放大器等构成，具体如图 4-13 所示。

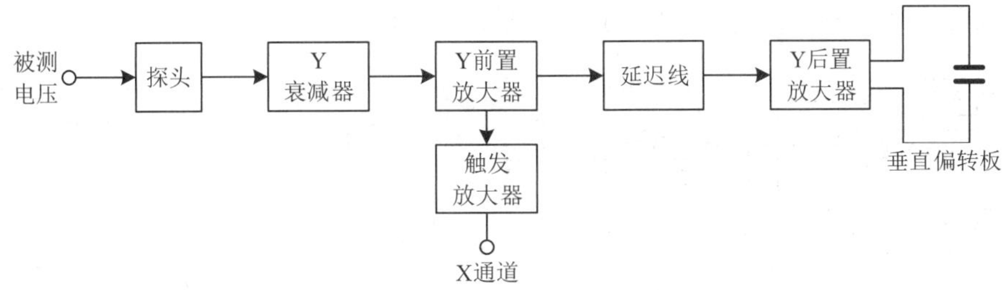

图 4-13　垂直系统基本硬件组成框图

垂直系统的主要作用是：将输入的被测信号进行衰减或线性放大后，输出符合示波器偏转要求的信号，驱动电子束在垂直方向上下运动，使被测信号在屏幕上显示出来。

2. 基本工作原理

模拟示波器基本工作原理如图 4-14 所示，主要通过对电子束的偏转控制，将被测电压

(即控制 Y 偏转系统的电压)的幅值及极性显示在荧光屏上，具体说明如下。

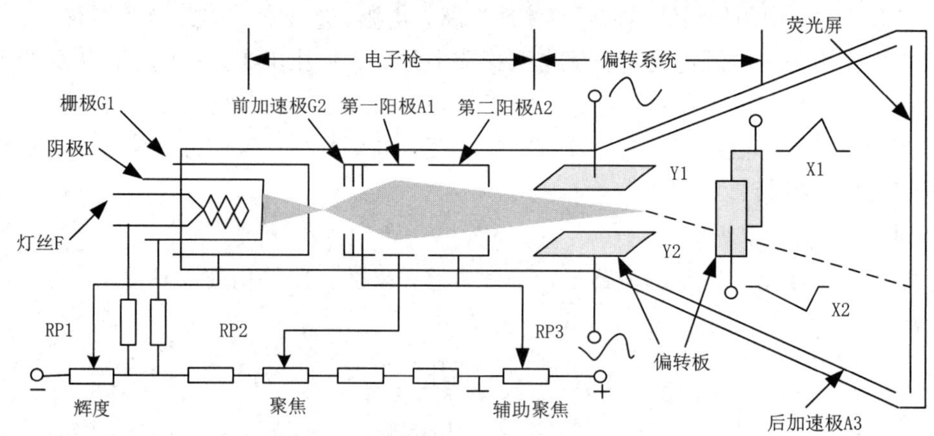

图 4-14　模拟示波器工作原理示意图

首先，阴极示波管中的电子枪产生并形成高速、聚束的电子束，去轰击荧光屏使之发光。

然后，阴极射线示波管中的 X 偏转系统和 Y 偏转系统分别在水平系统和垂直系统的电压信号作用下，控制电子束在水平方向和垂直方向的运动，其中 Y 方向的控制电压通常就是所要显示的被测电压。

最后，阴极射线示波管终端的荧光屏在电子束的撞击下，便会发出人眼可见的光点，最终显示出人眼可见的光线。

说明：X 偏转系统和 Y 偏转系统通常都是静电偏转系统，它们由两对相互垂直的平行金属板组成。

4.2.2　数字示波器

1. 基本硬件结构

数字示波器的基本硬件组成如图 4-15 所示，主要由信号采样电路、A/D 转换器、数字时基发生器、地址计数器、逻辑控制单元、存储器等构成。

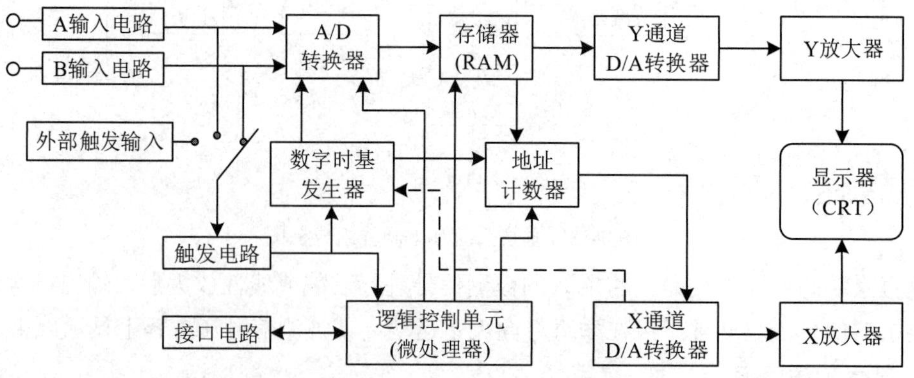

图 4-15　数字示波器基本硬件组成框图

1) 信号采样电路

信号采样电路主要是由一个信号采样保持器构成。

信号采样电路的主要作用是：将连续波形信号离散化成一个个脉冲序列信号，为被测信号的数字化做好准备。

2) A/D 转换器

A/D 转换器的主要作用是：将每一个离散化的模拟量进行 A/D 转换，得到相应的数字量，再把这些数字量按顺序存放在 RAM 中。

A/D 转换器是波形存储的关键部件，它决定了数字示波器的最高取样速率、存储带宽以及垂直分辨率等多项指标。

3) 数字时基发生器

数字时基发生器的主要作用是：用于产生采样脉冲信号，以控制 A/D 转换器的采样速率和存储器的写入速度。

4) 地址计数器

地址计数器的主要作用是：用来产生存储器地址信号，它由二进制计数器组成。计数器的位数由存储容量来决定。

5) 存储器

存储器是波形数据的存储介质。为了实现对高频信号的测量，应选用存储速度较高的 RAM；如果测量时间较长，则应选用存储容量较大的 RAM；要想断电后仍能长期存储波形数据，则应配有 EEPROM。有些新型数字示波器配有硬盘和软驱，可将波形数据以文本文件形式长期保存。

2. 基本工作原理

数字示波器基本工作原理如图 4-16 所示，有实时和存储两种工作模式，具体说明如下。

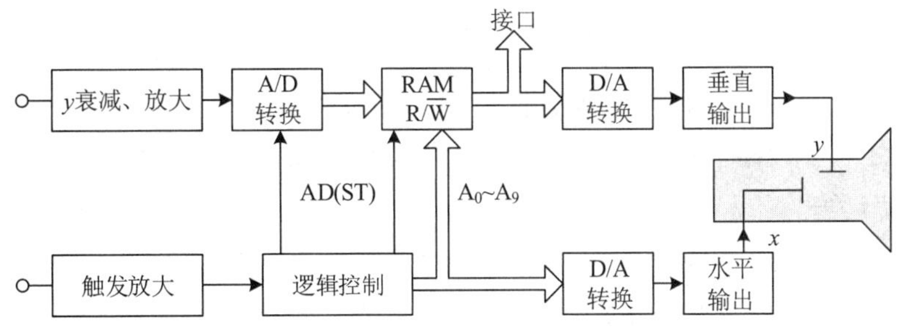

图 4-16　数字示波器工作原理示意图

当处于实时工作模式时，其电路组成原理与普通模拟示波器一样。

当处于存储工作模式时，其工作原理可分为波形的采样与存储、波形的显示、波形的测量与处理等几部分。

存储模式的工作过程一般分为存储和显示两个阶段。在存储工作阶段，模拟输入信号先经适当的放大和衰减，然后送入 A/D 转换器进行数字化处理，转换为数字信号，最后将 A/D 转换器输出的数字信号写入存储器中。

4.3　示波器主要技术指标

4.3.1　模拟示波器

1. Y 通道的频域响应和时域响应

1) 频域响应(频带宽度)

示波器的频带宽度(BW)是指它能测量的信号的上限频率 f_H 与下限频率 f_L 之差。

由于现代示波器的下限频率 f_L 通常都达到直流信号，所以频带宽度也可用上限频率 f_H 来表示。

2) 时域响应(瞬态响应)

示波器的瞬态响应通常用方波脉冲信号的上升时间 t_r 和下降时间 t_f 来表征，用以反映 Y 通道放大电路在方波脉冲输入信号作用下的时域过度特性，具体如图 4-17 所示。

上升时间是指波形幅度从 10%上升至 90%所经历的时间；下降时间是指波形幅度从 90%下降至 10%所经历的时间。

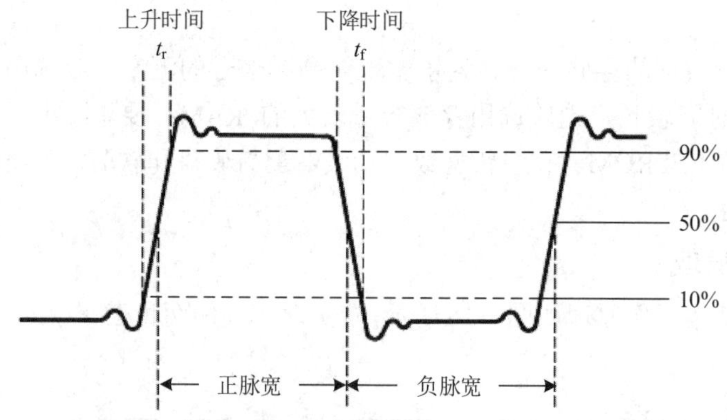

图 4-17　方波脉冲信号上升时间和下降时间示意图

说明：上述两个指标基本上决定了示波器可以观测的最高频率信号和脉冲的最小宽度。

2. 偏转灵敏度

偏转灵敏度是指输入信号在无衰减的情况下，亮点在屏幕 Y 方向上偏转单位距离所需的电压峰-峰值，单位是 Vp-p/cm 或 Vp-p/div。

偏转灵敏度表示了示波器 Y 通道的放大/衰减能力，其下限表征示波器观测微弱信号的能力，上限表征示波器输入所允许加的最大电压值(峰-峰值)。

3. 输入阻抗

Y 通道的输入阻抗包括输入电阻和输入电容。输入电阻越大越好，输入电容越小越好。Y 通道的输入阻抗为用户提供了估算示波器的输入电路对被测信号产生影响大小的依据。

4. 扫描速度

常用时基因数表示扫描速度。时基因数是扫描速度的倒数，指在无扩展情况下，亮点在 X 方向偏转单位距离所需的时间，单位为 ms/cm 或 ms/div。扫描速度越高，即时基因素值越小，则表明示波器能够展开高频信号或窄脉冲信号的能力越强。

说明：

(1) 为了观测缓慢变化的信号，则要求示波器具有极慢的扫描速度。

(2) 为了观测很宽频率范围的信号，就要求示波器的扫描速度能在很宽范围内调节。

5. 扫描方式

扫描方式有自动、常态和单次三种。

(1) 自动：当无触发信号输入，或者触发信号频率低于 50 Hz 时，扫描为自激方式。

(2) 常态：当无触发信号输入时，扫描处于准备状态，没有扫描线。触发信号到来后，触发扫描。

(3) 单次：单次按钮类似复位开关。单次扫描方式下，按单次按钮时扫描电路复位，此时准备好(Ready)灯亮。触发信号到来后产生一次扫描。单次扫描结束后，准备灯灭。单次扫描用于观测非周期信号或者单次瞬变信号，往往需要对波形拍照。

4.3.2　数字示波器

1. 最高采样速率

最高采样速率即数字化速率，是指单位时间内采样的次数，用每秒钟完成的 A/D 转换的最高次数来衡量，单位为采样点/秒(Sa/s)，也常以频率来表示。采样速率愈高，示波器捕捉信号的能力愈强。

2. 存储带宽

存储带宽是指数字示波器在最大数字化速率(采样速率)时还能分辨多位数(精确度要求)。最大存储带宽由采样定理确定，即当采样速率大于被测信号中最高频率分量频率的两倍时，即可由采样信号无失真地还原出原模拟信号。通常信号都是有谐波分量的，一般用最高采样速率除以 2.5 作为有效的存储带宽。

3. 分辨率

分辨率是指示波器能分辨的最小电压增量和最小时间增量，即量化的最小单元。它包括垂直分辨力(电压分辨力)和水平分辨力(时间分辨力)。

4. 存储容量

存储容量即存储深度由采集存储器(主存储器)的最大存储容量来表示，常以字为单位。

5. 读出速度

读出速度是指将数据从存储器中读出的速度，常用 t/div 来表示。

4.4　示波器使用注意事项

除了一般测量仪器使用时要注意的事项外，如机壳必须接地、开机前应检查电源电压与仪器工作电压是否相符等，示波器尤其是模拟示波器的使用还有其独特之处，具体按模拟示波器及数字示波器说明如下。

4.4.1 模拟示波器

1. 辉度调节

使用模拟示波器时，要适度调节亮点辉度，不宜过亮，且亮点不宜长期停留在同一个位置上，以免损坏荧光屏。特别地，当暂时不观测波形时，应将模拟示波器辉度调暗，否则将缩短示波管使用寿命。

2. 显示位置

使用模拟示波器时，应尽量在显示屏的中心区域显示波形曲线，以避免示波管的边缘非线性效应而产生的曲线显示误差。

3. 连接线缆选择

使用模拟示波器时，要注意其与被测电路的连接线缆的选择。

(1) 当被测信号为几百千赫兹以下的连续信号时，连接线缆选择一般导线即可。

(2) 当被测信号为幅度较小的连续信号时，连接线缆应选择屏蔽线，以防外界干扰信号影响。

(3) 当被测信号为脉冲信号或高频信号时，连接线缆必须选择高频同轴电缆连接，以防干扰。

4. 探头选择

使用模拟示波器时，要使用专用探头，且使用前要校正。通过示波器探头，可以提高示波器输入阻抗，以减小对被测电路的影响。

5. 灵敏度调节

使用模拟示波器时，要合理调节示波器的 Y 轴偏转灵敏度。如果被测电压的峰–峰值大于示波器的规定值，则应先进行衰减后再接入示波器，以免损坏示波器。

通常，通过灵敏度的调节，使得被测电压信号在 Y 轴上能充分展开，既不超出示波器荧光屏的有效显示范围，也不会因波形太小而引起视觉误差。

6. 稳定度调节

使用模拟示波器时，需要注意扫描稳定度、触发电平、触发极性等旋钮和按键的配合调节。

4.4.2 数字示波器

数字示波器的硬件电路、显示原理等与模拟示波器有较大不同，其使用注意事项也有所不同，主要说明如下。

1. 连接线缆选择

使用数字示波器时，同样要注意其与被测电路的连接线缆的选择。

(1) 当被测信号为几百千赫兹以下的连续信号时，连接线缆选择一般导线即可。

(2) 当被测信号为幅度较小的连续信号时，连接线缆应选择屏蔽线，以防外界干扰信号影响。

(3) 当被测信号为脉冲信号或高频信号时，连接线缆必须选择高频同轴电缆连接，以防干扰。

2. 探头选择

使用数字示波器时，同样要使用专用探头，且使用前要校正。通过示波器探头，可以提高示波器的输入阻抗，以减小对被测电路的影响。

另外，由于各数字示波器的功能实现有所不同，用户在具体使用某一款数字示波器时，应根据其产品的使用说明来正确使用，以避免出现错误。

4.5　示波器典型产品选型

4.5.1　基本选型原则

示波器的基本选型原则如下。

(1) 根据被测信号的重现方式，选择模拟或数字存储示波器。

(2) 根据要显示的信号数量，选择单踪、双踪或多踪示波器。

(3) 根据被测信号的频率特点，选择慢扫描、通用、高速示波器。

4.5.2　主要生产厂家

目前示波器的主要生产地在美国、日本、韩国、中国等，其中全球示波器三大巨头是泰克公司、是德公司和力科公司。

国外主要生产厂家有：美国的泰克公司、是德公司、力科公司、福禄克公司等；日本的健伍公司、日立公司、岩崎公司等；韩国的 LG-EZ 公司、森美特公司等；德国的罗德施瓦茨公司(R&S)等。

国内主要生产厂家有：绿扬、普源精电、安泰信、北京飞腾三环、北京金三航、扬中光电、扬中科泰、麦创、杭州精测等。

当前，数字示波器在功能上、频带宽度上都超过模拟示波器，数字示波器已完全取代了模拟示波器，并且数字示波器发展正方兴未艾，数字示波器的频带宽度已达到 80 GHz。

1. 美国泰克公司

美国泰克公司成立于 1946 年，是一家全球领先的测试、测量和监测解决方案提供商。它在电子技术方面的革命可以追溯到 60 多年前。泰克公司创始人在 1946 年发明了世界上第一台触发式示波器，始于这个突破性的技术创新，如今的泰克已经崛起成为全球最大的测试、测量和监测设备供应商之一。

2. 美国是德公司

美国是德公司是世界最大的测试测量公司，是全球电子测量、生命科学与化学分析的领导者，其产品正在化学、环保、食品、医药和生命科学领域中广泛使用。

美国是德公司具有世界最先进的化学分析仪器，其丰富的法规适应性和专业技术经验，以及优良的支持服务系统，都能够帮助实验室超前应对分析的挑战。

3. 美国力科公司

美国力科公司成立于 1964 年，是提供测试设备解决方案的生产厂商，为全球各行各业中的公司提供能够设计和测试各类电子器件的测试设备。

自公司成立以来，一直把重点放在研制改善生产效率的测试设备上，帮助工程师更快速、更高效地解决电路问题。

随着市场竞争加剧，技术复杂程度不断提高，力科公司推出了相应的测试仪器，明显降低了模拟和检验新型电路、开发原型、在产品上市前测试器件及以高吞吐率检验制造的产品性能所需的时间。

4. 中国普源精电公司

中国普源精电公司的前身是 RIGOL 实验室。1998 年由王悦、王铁军和李维森三位刚刚毕业的大学生创立。2002 年 3 月，普源精电推出国内第一台数字示波器 DS3000 系列，并量产出货。2004 年，普源精电又推出国内第一台 1 GS/s 实时采样率的 DS5000 系列，打破了海外公司在此领域的长期垄断，同时产品远销欧洲、美洲和亚洲等地区。

4.5.3 典型产品介绍

1. 模拟示波器

模拟示波器以日立 V-252 模拟示波器为例进行介绍。

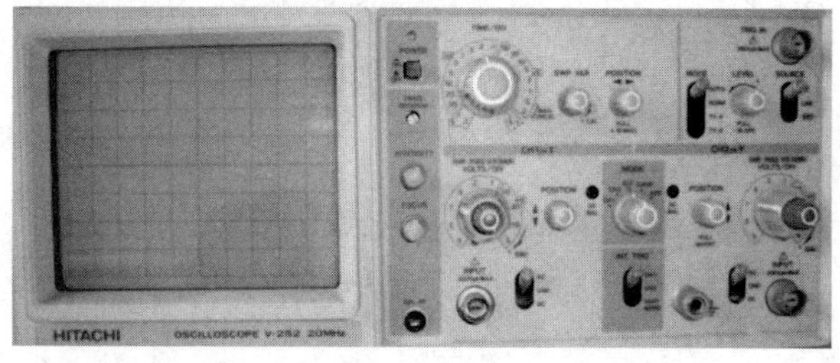

图 4-18　日立 V-252 双踪通用示波器

日立 V-252 模拟示波器是一款 20 MHz 双踪示波器，可同时观察和测试两路输入电信号波形。对于每个模拟信号输入端允许的最高输入电压为 300 V(DC + ACP-P)。使用探头输入时为 400 V(DC + ACP - P)。

日立 V-252 模拟示波器的工作环境温度在 0～400℃范围内。电源电压采用正弦交流电，频率为 50 Hz，交流电压有效值在 198～242 V 范围内，其面板如图 4-18 所示。

日立 V-252 模拟示波器主要技术指标如下。

1) 垂直轴

灵敏度及准确度：5 mV/div～(5 ± 3%V/div)

x5 时的灵敏度及准确度：1 mV/div～(1 ± 5%V/div)

2) 水平轴

扫描时间：0.2 μs/div～(0.2 ± 3%s/div)

最大扫描时间：100 ns/div(20～50 ns/div 为非校正)

2. 数字示波器

数字示波器以普源精电 DS5042M 数字示波器为例进行介绍。

普源精电 DS5042M 数字示波器是一款 40 MHz 双踪示波器，可同时观察和测试两路输入电信号波形，具有更快完成测量任务所需要的高性能指标和强大功能。通过 1 GSa/s 实时采样和 50 GSa/s 等效采样，可在 DS5042M 示波器上观察更快的信号。强大的触发和分析能力使其易于捕获和分析波形。另外、普源精电 DS5042M 数字示波器还具有清晰的液晶显示和丰富的数学运算功能，便于用户更快更清晰地观察和分析信号问题，其面板如图 4-19 所示。

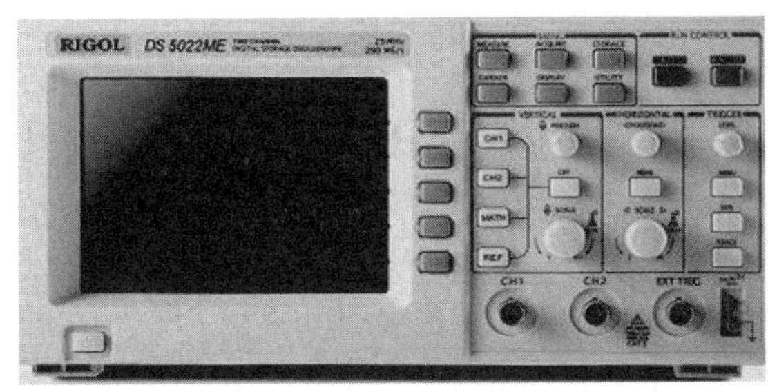

图 4-19　普源精电 DS5042M 数字示波器

普源精电 DS5042M 数字示波器主要技术指标如下。

(1) 高达 1 GS/s 的实时采样率，高达 50 GS/s 的等效采样率。

(2) 高达每秒 1000 次的波形捕获率。

(3) 双通道，带宽 200 MHz～25 MHz 满足高低端用户需求。

(4) 独特的数字滤波器和波形录制功能。

(5) 高清晰度全屏幕液晶彩色或单色 LCD 显示系统。

(6) 具有 20 种自动测量功能。

(7) 光标测量包括手动模式、追踪模式和自动测量模式。

(8) 具有 10 组波形、10 组设置、存储和再现功能。

(9) 具有加、减、乘、除等多种波形运算功能。

(10) 边沿、视频、脉宽、延迟等多种触发功能。

(11) 内嵌 FFT 频谱分析功能。

(12) 自动校准功能。

(13) 内置硬件频率计。

(14) 标准配置接口是 USB Device。

(15) 可选超强扩展功能模块(通过/失败检测输出模块、RS- 232/GPIB 通信模块)。

(16) 具有多种语言用户界面。

4.6 扩 展 知 识

4.6.1 阴极射线示波管

模拟示波器将电信号转换成人类眼睛能直接观察的波形图像，是通过其核心部件，即阴极射线示波管(简称阴极示波管)来实现的。

阴极射线示波管是模拟示波器的主要显示器件，它主要由电子枪、偏转系统和荧光屏三部分组成，并且密封在一个抽成真空的玻璃壳内。

普通阴极射线示波管的结构及其供电电路如图 4-20 所示，其基本工作原理是：由电子枪产生的高速电子束轰击荧光屏的相应部位产生荧光，偏转系统则能使电子束产生偏转，从而改变荧光屏上光点的位置，最终以波形的形式显示出来。

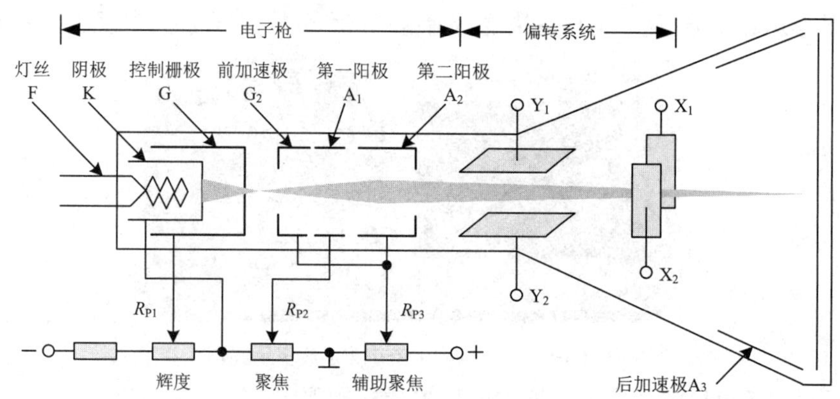

图 4-20　阴极射线示波管硬件结构图

1. 电子枪

1) 主要作用

电子枪的主要作用是：发射电子并形成很细的高速电子束，轰击荧光屏使之发光。

2) 基本组成

电子枪基本组成包括灯丝 F、阴极 K、控制栅极 G、阳极 A_1/A_2。

灯丝 F 用于加热阴极 K。阴极 K 是一个表面涂有氧化物的金属圆筒，受灯丝 F 加热后发射电子。控制栅极 G 是封闭式中心开孔的金属圆筒，其小孔对准阴极 K 的发射面。控制栅极 G 对阴极 K 的负电位可调，用来控制射向荧光屏的电子束密度，从而改变荧光屏上波形辉度(亮度)。G 的负电位绝对值越大，打到荧光屏上电子数目越少，图形越暗，反之越亮。调节辉度电位器 R_{P1}，改变栅极、阴极之间的电位差即可达到此目的。

第一阳极 A_1 和第二阳极 A_2 均为形状不同的圆筒。第一阳极 A_1 和第二阳极 A_2 对电子束进行聚焦并加速，使到达荧光屏电子束形成很细的小点并具有很高速度。调节 A_1 的电位器 R_{P2}(G 与 A_1 之间的电位称为聚焦旋钮)；调节 A_2 的电位器 R_{P3}(A_1 与 A_2 之间的电位称为辅助聚焦旋钮)。

在调节阴极射线示波器的辉度时会使其聚焦受到影响，因此辉度与聚焦并非相互独立调节，而是具有一定的关联性。在使用示波器时，这二者应该配合调节。

G、A_1、A_2 的电位关系为 $V_G < V_K$、$V_G < V_{A1}$、$V_{A1} < V_{A2}$，因此，电子从 G 至 A_1、A_1 至 A_2 将得到会聚并加速，而从 K 至 G 将发散。

3) 工作原理

电子枪的工作原理利用了电子束的线性偏转特性，即电子束在垂直和水平方向上的偏转距离正比于加到相应偏转板上的电压的大小。

2. 偏转系统

1) 主要作用

偏转系统的主要作用是：控制电子束在垂直和水平方向上的位移。

2) 基本结构

偏转系统主要由两对相互垂直的平行金属板构成，分别称为垂直(Y)偏转板和水平(X)偏转板。两对偏转板各自形成静电场，分别控制电子束在垂直方向和水平方向的偏转。

当偏转板上没有外加电压时，电子束打向荧光屏的中心点；当偏转板上有外加电压时，则在偏转电场作用下，电子束打向由 X、Y 偏转板共同决定的荧光屏上的某个坐标位置。

3) 工作原理

偏转系统的工作原理是采用了线性偏转理论，即电子的位移与所加电压的大小成正比。

3. 荧光屏

1) 主要作用

荧光屏的主要作用是将电信号变为光信号，从而让人能够直观地观测到信号的波形。

2) 基本结构

荧光屏是一种涂有磷光物质的显示屏，通常制作成矩形平面。

3) 工作原理

涂有磷光物质的荧光屏在受到高速电子轰击后，将产生辉光。电子束消失后，辉光仍可以保持一段时间，称为余辉时间，一般不同荧光材料的余辉时间有所不同。正是利用荧光物质的余辉效应以及人眼的视觉滞留效应，当电子束随控制电压偏转时，才使人们看到了按照光点移动轨迹所形成的整个信号的波形。

在使用阴极射线管示波器时，不要使亮点长时间停留于一个位置，以免烧坏荧光屏。

综上所述，普通阴极射线示波管硬件结构示意图如图 4-21 所示。

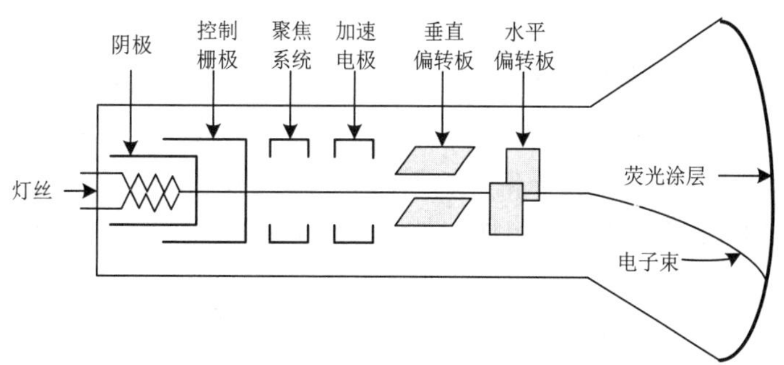

图 4-21　普通阴极射线示波管硬件结构示意图

4.6.2　波形显示基本原理

电子束在荧光屏上产生的亮点在荧光屏上移动的轨迹是加到偏转板上的电压信号的波形。

1. 扫描

通常，加到垂直偏转板上的电压为被测电压；加到水平偏转板上的电压称为扫描电压

(锯齿波电压)，它由示波器内部信号发生电路产生，如图 4-22 所示。

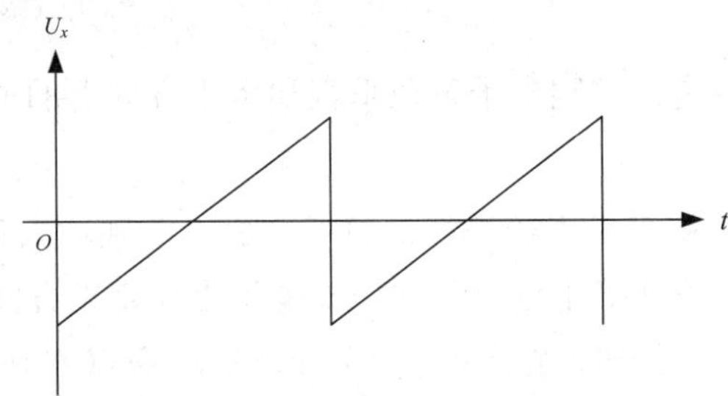

图 4-22　扫描电压信号图

光点在扫描电压作用下扫动的过程称为扫描。

2. 波形显示原理

Y 偏转板加被测电压信号，X 偏转板加扫描电压信号。

(1) 设 U_x=0，$U_y=0$，则光点在垂直和水平方向都不偏转，出现在荧光屏的中心位置，如图 4-23 所示。

(2) 设 $U_x=0$，$U_y=U_m\sin\omega t$，由于 X 偏转板不加电压，光点在水平方向是不偏移的，则光点只在荧光屏的垂直方向来回移动，出现一条垂直线段，如图 4-24 所示。

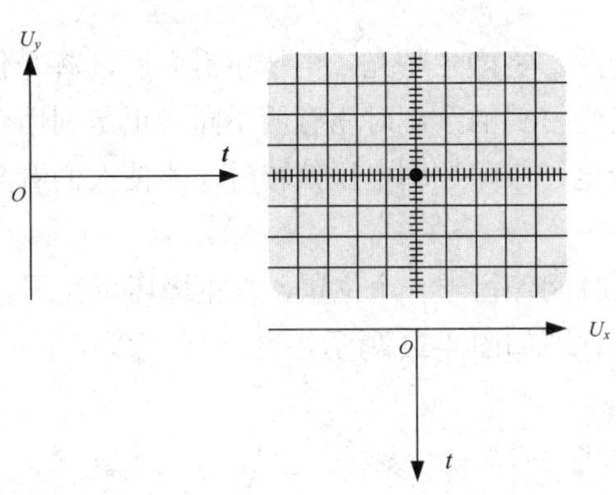

图 4-23　$U_x=0$，$U_y=0$ 时的波形图

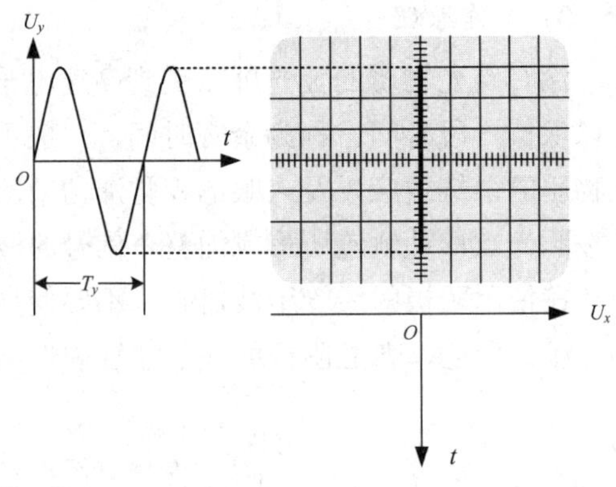

图 4-24　$U_x=0$，$U_y=U_m\sin\omega t$ 时的波形图

(3) 设 $U_x=kt$，$U_y=0$，由于 Y 偏转板不加电压，光点在垂直方向是不移动的，则光点在荧光屏的水平方向上来回移动，出现的是一条水平线段，如图 4-25 所示。

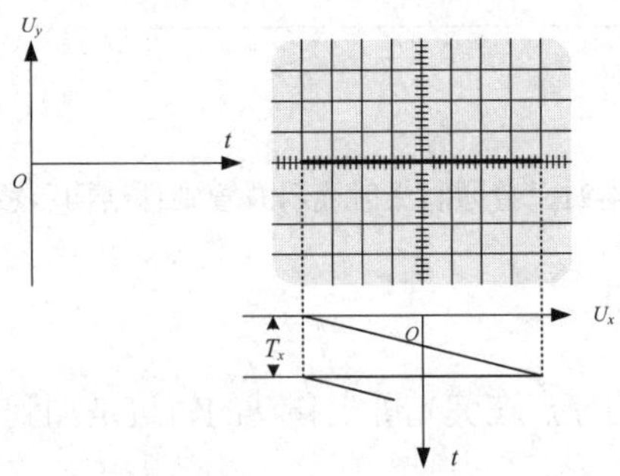

图 4-25　$U_x=kt$，$U_y=0$ 时的波形图

由上三种情况可看出：X 偏转板上所加电压控制电子的水平运动；Y 偏转板上所加电压控制电子的垂直运动；电子位移长度取决于所加电压的大小。

(4) 设 Y 偏转板加正弦波信号电压 $U_y = U_m\sin\omega t$，X 偏转板加锯齿波电压 $U_x = kt$，且有 $T_x = T_y$。荧光屏显示被测信号随时间变化的稳定波形，如图 4-26 所示。

(5) 设 Y 偏转板加正弦波信号电压 $U_y = U_m\sin\omega t$，X 偏转板加锯齿波电压 $U_x = kt$，且有 $T_x = 2T_y$，荧光屏显示被测信号随时间变化的稳定波形，如图 4-27 所示。

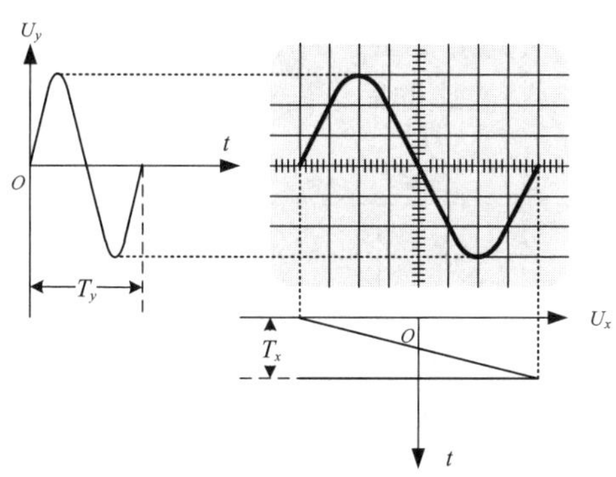

图 4-26　$U_x = kt$，$U_y = U_m\sin\omega t$，且 $T_x = T_y$ 时的波形图

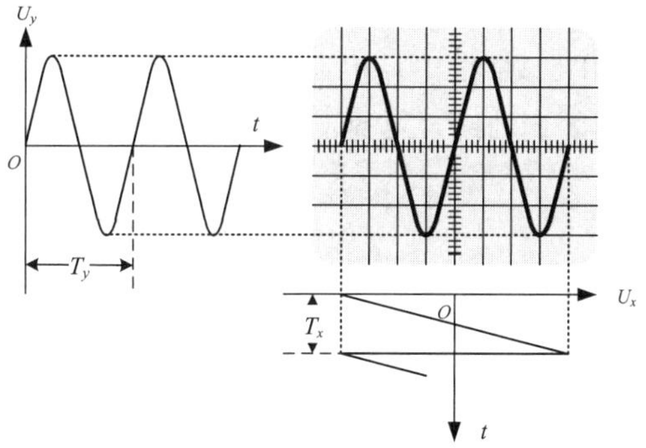

图 4-27　$U_x = kt$，$U_y = U_m\sin\omega t$，且 $T_x = 2T_y$ 时的波形图

(6) 设 Y 偏转板加正弦波信号电压 $U_y = U_m\sin\omega t$，X 偏转板加锯齿波电压 $U_x = kt$，且有 $T_x = 3/2T_y$，荧光屏显示被测信号随时间变化的不稳定波形，如图 4-28 所示。

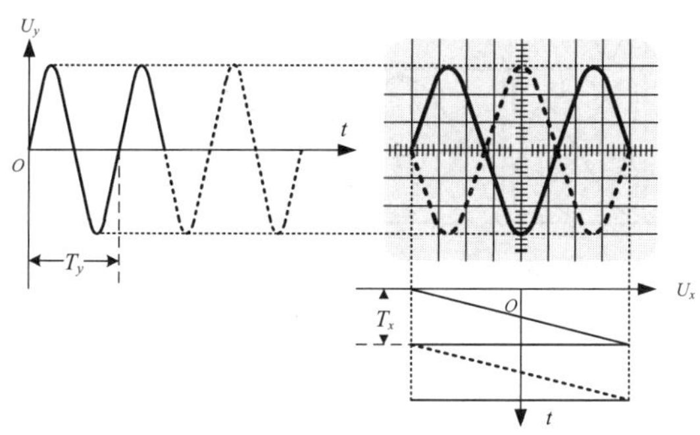

图 4-28　$U_x = kt$，$U_y = U_m\sin\omega t$，且 $T_x = 3/2T_y$ 时的波形图

3. 扫描电压与信号的同步

(1) 当扫描电压周期是被测信号周期的整数倍时，即 $T_x = nT_y$，n 为正整数，扫描的后一个周期描绘的波形与前一个周期完全重合，荧光屏上得到稳定的波形。此时，扫描信号与被测信号同步。

(2) 为了在屏幕上获得稳定波形显示，应保证每次扫描的起始点都对应信号的相同相位点，即保证扫描信号与被测信号同步。

(3) 电子束在被测电压与同步扫描电压共同作用下，亮点在荧光屏上所描绘的图形反映了被测信号随时间变化的过程，当多次重复就构成了稳定的图像。

4. 扫描过程中的增辉

扫描回程需要一定的时间(虽然很短)，在这段时间内回扫电压和被测电压共同作用，就对显示波形产生了一定的影响。

为了使回扫产生的波形不在荧光屏上显示，可设法在扫描正程期间使电子枪发射更多的电子，即给示波器增辉；或在扫描回程期间内使电子枪发射的电子减少，即给示波器消隐。

5. X-Y 显示方式

若加在水平偏转板上的不是由示波器内部产生的扫描锯齿波信号，而是另一路被测信号，则示波器工作于X-Y显示方式，它可以反映加在两副偏转板上的电压信号之间的关系。

如果X偏转板和Y偏转板上都加正弦波电压，则荧光屏上显示的图形称为李萨如图形，李萨如图形是指在互相垂直方向上的两个频率成简单整数比的简谐振动所合成的规则的、稳定的闭合曲线，常见的李萨如图形如图4-29所示。

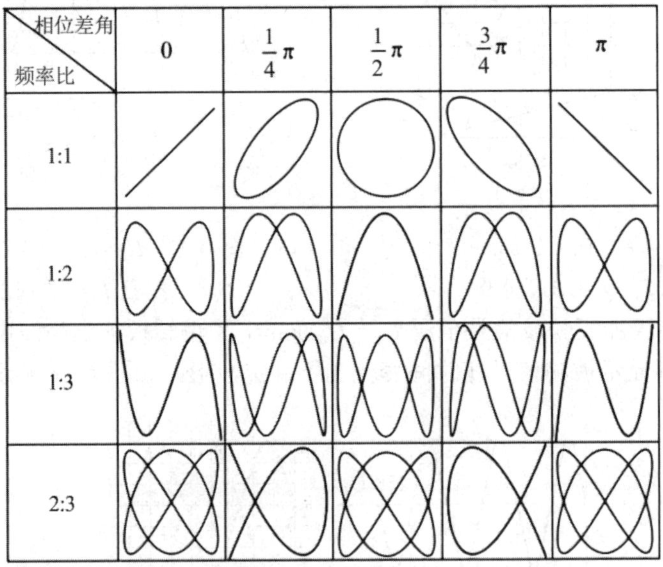

相位差角 / 频率比	0	$\frac{1}{4}\pi$	$\frac{1}{2}\pi$	$\frac{3}{4}\pi$	π
1:1					
1:2					
1:3					
2:3					

图4-29　常见的李萨如图形

本章总结

本章首先介绍了示波器的发展历程、主要分类及主要用途；然后详细分析了示波器的基本结构及工作原理、示波器的主要技术指标；最后介绍了示波器的使用注意事项、示波器的典型产品选型。

本章对示波器的基础知识进行了系统而全面的介绍，为后续各类示波器的操作和应用奠定了技术基础。

课后习题

1. 选择题(单项选择)

(1)　测量单次脉冲信号应使示波器工作在_____方式。

A. 连续扫描　　B. 触发扫描　　C. 单次扫描　　D. 连续扫描或单次扫描

(2) 示波器的探头在测量中所起的作用是：_____。

A. 提高示波器的输入阻抗　　B. 降低分布电容对波形的影响

C. 调整输入信号幅度　　D. 调整输入信号频率

(3) 为补偿水平通道所产生的延时，通用示波器都在_____部分加入延迟级。

A. 扫描电路　　B. Y 通道　　C. X 通道　　D. 电源电路

(4) 内触发信号是在延迟线电路引出____。

A. 之前　　B. 之后　　C. 之中　　D. 之前或之后

(5) 若要使显示的波形明亮些，应调节示波器的_____旋钮。

A. 辉度　　B. 聚焦　　C. 偏转灵敏度　　D. 时基因数

(6) 调节波形高度可使用_____旋钮。

A. 辉度　　B. 聚焦　　C. 偏转灵敏度　　D. 时基因数

(7) 调节波形显示长度可使用_____旋钮。

A. 辉度　　B. 聚焦　　C. 偏转灵敏度　　D. 时基因数

2. 判断题(正确的在后面括号内打√、错误的打×)

(1) 示波器是对信号进行时域分析的典型仪器。（　）

(2) 只在示波器的一幅偏转板上加锯齿波电压信号，能在荧光屏上扫出一条亮线。（　）

(3) 示波器扫描在常态下，若输入信号幅值为 0，则可观察到一条水平亮线。（　）

(4) 增大示波器 X 放大器倍数，可以提高扫描速度，从而实现波形的扩展。（　）

(5) 示波管荧光屏上光迹的亮度取决于电子枪发出的电子数量和速度。（　）

3. 简答题

(1) 示波器有哪些类型，各类型有哪些主要特点？

(2) 示波管主要由哪些部分组成，各部分有什么作用？

(3) 通用示波器主要由哪些基本单元构成，各基本单元有什么作用？

(4) 数字存储示波器的基本工作原理是什么？

第 5 章 电子计数器

电子计数器又称频率计或频率表，是一类最常见的频率测量仪器。

本章首先介绍电子计数器的发展历程、主要类型及主要用途；然后详细分析电子计数器的基本结构及工作原理、电子计数器的主要技术指标；最后介绍电子计数器的使用注意事项、电子计数器的典型产品选型。

5.1 电子计数器概述

电子计数器是一类最常见的频率测量仪器，除了用于频率测量外，还能对周期、时间间隔、脉冲个数等参数进行测量。

随着数字电子技术的不断发展，电子计数器的功能不断拓展、性能不断提高、自动化程度不断丰富，成为航空、航天、电子通信等尖端科研领域必不可少的测量仪器。

5.1.1 发展历程

频率计出现于 20 世纪 50 年代初，其发展经历了模拟技术和数字技术两个主要阶段。

1. 第一代：模拟式频率计

在模拟技术阶段，频率计主要基于无源测频法和有源测频法这两种方法研制而成。

1) 无源测频法频率计

无源测频法可分为谐振法和电桥法。基于谐振法和电桥法的无源频率计的频率测量精度通常在 1%左右，由于其精度低，因此只能用于频率粗测。

2) 有源测频法频率计

有源测频法可分为拍频法和差频法。其中拍频法是利用两个信号线性叠加以产生拍频现象，再通过检测零拍现象进行测频，基于拍频法所开发的频率计的频率测量精度通常在 10^{-1}Hz 数量级，常用于低频测量；差频法则利用两个非线性信号叠加来产生差频现象，然后通过检测零差现象进行测频，基于差频法所开发的频率计的频率测量精度通常在 ±20 Hz 左右，只能用于高频测量。

模拟式频率计的频率测量精度低，目前已经基本被淘汰。

2. 第二代：数字式频率计

数字式频率计主要基于比较法和计数法这两种测量方法研制而成，其频率测量精度高，是目前频率计的主流类型。

1) 比较法频率计

比较法频率是利用示波器等波形测量仪器对被测电信号频率进行测量，故可认为示波器就是比较法频率计。与模拟频率计相比，其频率测量精度有所提高，但与计数法频率计相比，其频率测量精度有限，因此主要用于频率粗测。

2) 计数法频率计

计数法是利用数字电路技术对给定时间内通过门控信号的脉冲计数来进行频率测量。相比较于模拟频率计及比较法频率计，计数法频率计的测量精度高、频率范围宽，目前已经完全取代了模拟频率计，成为最常用的一类频率计，也是未来各类新型频率计的研制基础，本章将重点对电子计数器进行详细介绍。

5.1.2　主要类型

电子计数器种类较多，按照不同的分类标准有多种类型，具体说明如下。

1. 按测量功能分类

1) 通用计数器

通常指多功能电子计数器。它可以用于测量频率、频率比、周期、时间间隔和累加计数等，如配以适当的插件，还可以测量相位、电压等参数，图 5-1 所示为某型号通用计数器实物图。

2) 频率计数器

通常指只具有测量频率和计数功能的计数器。其频率测量范围很宽，用于高频和微波测量的电子计数器均属于此类，图 5-2 所示为某型号频率计数器实物图。

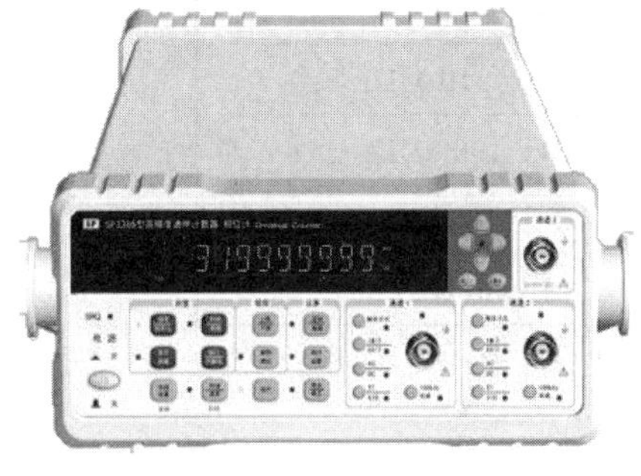

图 5-1　通用计数器

图 5-2　频率计数器

3) 计算计数器

通常指带有微处理器、具有计算功能的计数器。其除了具有计数器功能外，还能进行数学运算、求解比较复杂的方程，能依靠程控进行测量、计算和显示等全部工作，图 5-3 所示为某型号计算计数器实物图。

4) 特种计数器

通常指具有特殊功能的一类电子计数器，如可逆计数器、预置计数器、序列计数器和查值计数器等，图 5-4 所示为某型号特种计数器实物图。

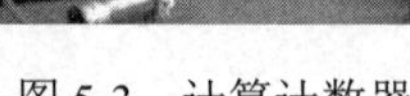
图 5-3　计算计数器

图 5-4　特种计数器

上述各类计数器的主要功能如表 5-1 所示。

表 5-1　各类电子计数器功能一览表

计数器类型	主要功能
通用计数器	用于测量频率、频率比、周期、时间间隔和累加计数等，如配以适当的插件，还可以测量相位、电压等参数
频率计数器	用于高频、微波等信号频率的测量
计算计数器	具有计算功能，还能进行数学运算、求解比较复杂方程，能依靠程控进行测量、计算和显示等全部工作
特种计数器	具有特殊功能的一类计数器，如可逆计数器、预置计数器、序列计数器和查值计数器等

2. 按测量频率分类

按照电子计数器测量被测信号的频率范围的不同，通常可分为低速计数器、中速计数器、高速计数器及微波计数器等。

各类电子计数器的频率范围分布如表 5-2 所示。

表 5-2　各类电子计数器频率范围一览表

计数器类型	频率范围
低速计数器	不高于 10 MHz
中速计数器	10～100 MHz
高速计数器	高于 100 MHz
微波计数器	1～80 GHz

5.1.3　主要用途

电子计数器的主要用途是用数字方式测量并显示被测电信号的频率、周期等信息。

另外，对于一些非电量信号，如机械振动的频率、转速，声音的频率以及产品的计件等，通过匹配合适的传感器，也可用电子计数器对其进行测量。

5.2　电子计数器基本结构及工作原理

对于各类变化信号的频率测量，示波器具有测量精度低、误差大的特点；频谱分析仪具有测量速度慢，无法实时快速地捕捉到被测信号频率变化等特点；而电子计数器则能快速、准确地捕捉到被测信号频率变化，完成被测信号频率测量。

本节将对电子计数器的基本结构和工作原理进行分析。

5.2.1　基本硬件结构

通用电子计数器的基本硬件结构主要由 A、B 输入通道、闸门、时基单元、控制单元、计数与显示单元等组成，具体如图 5-5 所示。

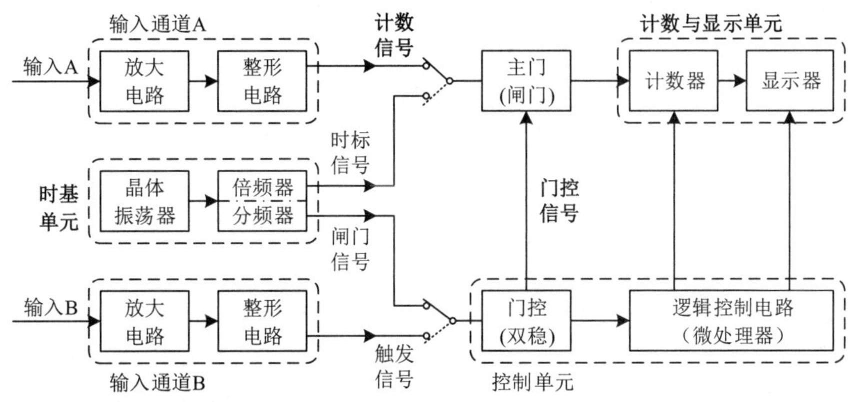

图 5-5　电子计数器基本硬件结构框图

下面具体介绍各单元电路的组成及其作用。

1. A、B 输入通道

输入通道的作用是将输入信号进行幅度调整、波形整形和阻抗变换，使其变换为标准的脉冲信号，具体其组成见图 5-5。

电子计数器有两个输入通道，分别是：A 输入通道(计数脉冲信号输入电路)和 B 输入通道(闸门时间信号输入电路)。

(1) 信号经 A 输入通道进行放大、整形，变换为符合主门要求的计数脉冲信号送出，再经过主门进入计数电路，所以 A 输入通道是计数脉冲通道。

(2) 信号经 B 输入通道整形后形成脉冲，用来触发双稳态触发器，使其翻转，其中以一个脉冲开启主门，而以随后的一个脉冲关闭主门，两脉冲的时间间隔为开门时间，所以 B 输入通道是闸门时间信号脉冲通道。

2. 闸门

闸门又称为主门，其电路实现是一个标准的双输入单输出逻辑与门，其作用是通过门控信号来控制计数脉冲信号能否进入计数器。

闸门工作时，其中的一个输入端接入来自控制单元中门控双稳触发器的门控信号，另一个输入端则输入计数信号。当门控信号为高电平时，计数信号则实时通过闸门传输到计数器；当门控信号为低电平时，计数信号则无法通过闸门传输到计数器，其工作原理如图 5-6 所示。

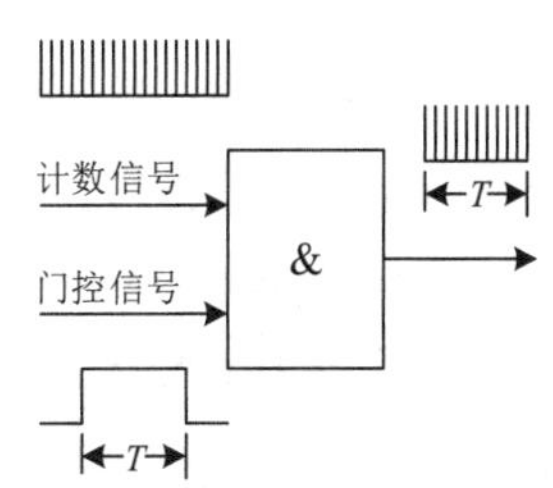

图 5-6　闸门工作原理示意图

在电子计数器测量频率与周期时，闸门的门控信号有所不同：

(1) 在测量频率时，门控信号为电子计数器内部的闸门时间选择电路传来的标准信号；

(2) 在测量周期时，门控信号为整形后的被测信号。

3. 时基单元

时基单元也称为时钟单元，是由晶体振荡器、分频电路及倍频电路组成的，用以产生标准时间信号，其结构示意图如图 5-7 所示。

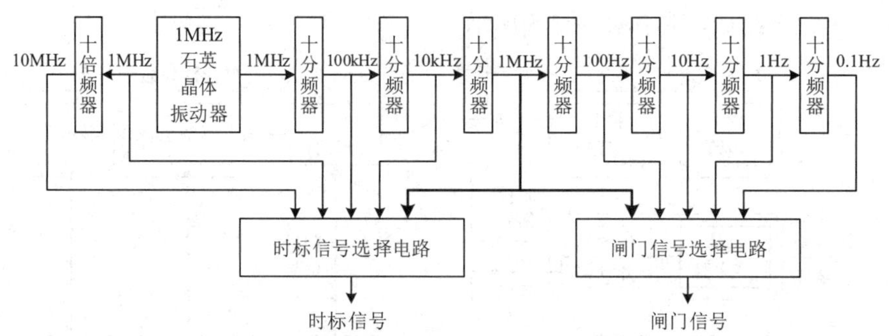

图 5-7　时基单元结构示意图

时基单元所产生的标准时间信号有两类：一类是时间较长的闸门信号，用于电子计数器测量频率之用；另一类是时间较短的时标信号，用于电子计数器测量周期之用。

4. 逻辑控制单元

逻辑控制单元能产生各种控制信号，进而控制和协调电子计数器内部各单元的工作，以使其按照一定的工作程序自动完成测量任务，使得每次测量都按照一定的次序进行：准备、计数、显示、复位、准备下次测量。

逻辑控制单元中的门控双稳态电路，它输出的门控信号用于控制闸门的开启与闭合。在触发脉冲作用下双稳态电路发生翻转，通常以一个输入脉冲开启闸门，以随后一个脉冲关闭闸门，也可以由一路输入脉冲信号启动门控双稳打开闸门，另一路输入脉冲信号使门控双稳关闭闸门。

5. 计数与显示电路

计数与显示电路单元主要用于对闸门输出的计数脉冲信号进行计数，并以十进制数字形式显示计数结果。

通常，计数与显示电路单元由二–十进制计数器、译码器和数字显示器等构成。

5.2.2　基本工作原理

电子计数器通常具有多种测量功能，如频率测量、周期测量、时间间隔测量等。下面按照测量功能来分析电子计数器的基本工作原理。

1. 频率测量

电子计数器测量信号频率的原理框图如图 5-8 所示。其中，周期 T(s)和频率 f(Hz)之间的关系为

$$f = \frac{1}{T} \tag{5-1}$$

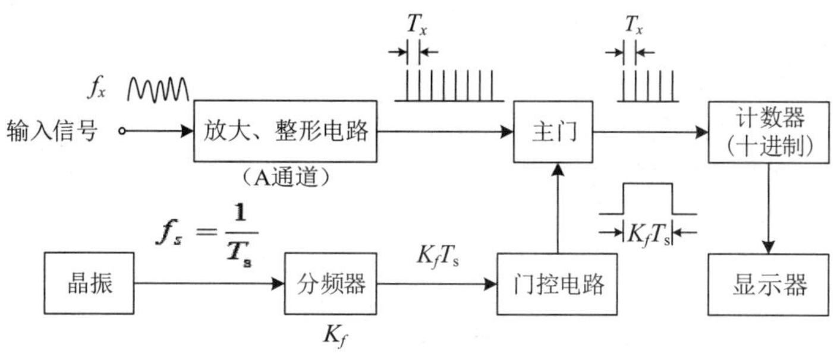

图 5-8　频率测量原理框图

电子计数器通过对一定时间间隔内的脉冲个数进行累加计数来实现对被测信号进行频率测量。如果在 t 时间间隔内对周期信号的累加计数为 N，则该被测信号的周期 T 为

$$T=\frac{t}{N} \tag{5-2}$$

从而得到该信号的频率 f 为

$$f=\frac{1}{T}=\frac{N}{t} \tag{5-3}$$

2. 周期测量

电子计数器测量信号周期的原理框图如图 5-9 所示。

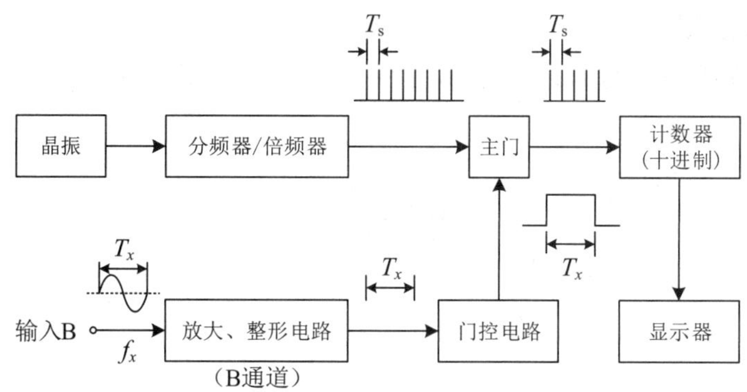

图 5-9　周期测量原理框图

电子计数器通过对某一被测时间间隔内的已知周期的脉冲个数进行累加计数来实现对该被测信号进行周期测量。如果在被测时间间隔内对已知周期的脉冲个数的计数为 N，则该被测信号的周期 T_x 为

$$T_x=N\times T_s \tag{5-4}$$

其中：N 为已知周期的脉冲计数个数；T_s 为已知周期脉冲信号的周期。

周期是信号电平随时间变化一个循环所需的时间。周期是频率的倒数，因此周期测量可通过对调电子计数器频率测量时的计数信号和门控信号来实现。

3. 频率比测量

电子计数器测量两个信号之间频率比的原理框图如图 5-10 所示。

频率比是指 A、B 两信号频率 f_A 与 f_B 之比，即 f_A/f_B。

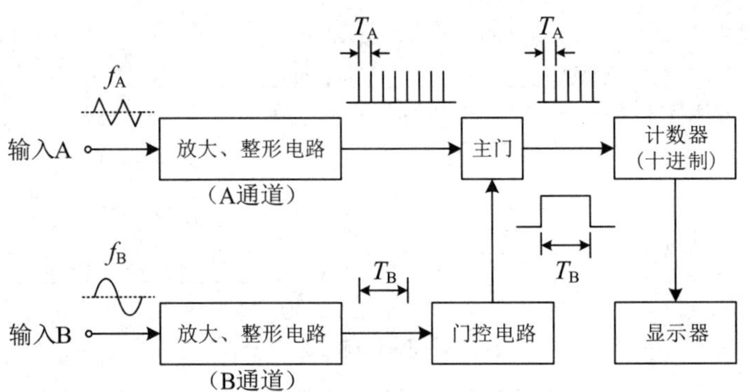

图 5-10　频率比测量原理框图

将频率较低的信号由 B 通道输入，经过放大整形后去触发门控双稳态电路，产生的门控脉冲打开闸门，打开时间为 T_B，是 B 信号的一个周期；将频率较高的信号由 A 通道输入，经过放大整形后送到闸门输入端，由闸门输出送入计数器直接计数，计数为 T_B 时间内 A 信号的脉冲个数，设其为 K，即有

$$KT_A = T_B \tag{5-5}$$

由式(5-5)得

$$K = \frac{T_A}{T_B} = \frac{f_A}{f_B} \tag{5-6}$$

4. 时间间隔测量

电子计数器测量两个信号之间时间间隔的原理框图如图 5-11 所示。

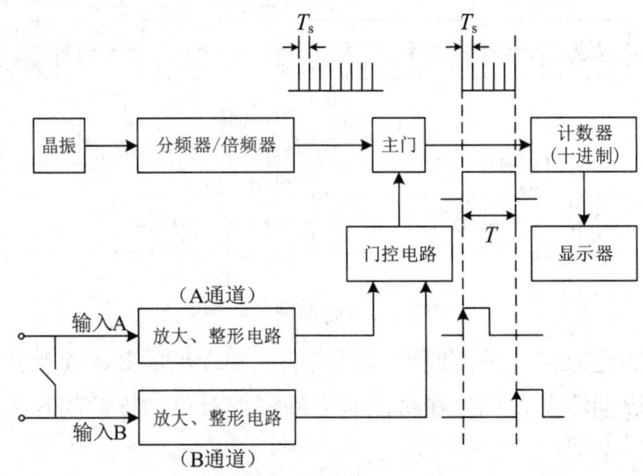

图 5-11　时间间隔测量原理框图

测量时，利用 A、B 输入通道分别控制门控双稳电路的启动和复原，如图 5-12 所示。

(1) 在测量两个输入信号的时间间隔时，将开关 S 置于分位置；

(2) 在测量同一个输入信号内的时间间隔时，将开关 S 置于合位置，两输入通道并联，被测信号由此公共输入端输入，调节两个通道的触发斜率和电平可测量脉冲信号脉冲宽度、前沿等参数。

时间间隔的计算公式为

$$t_d = N \times T_s \tag{5-7}$$

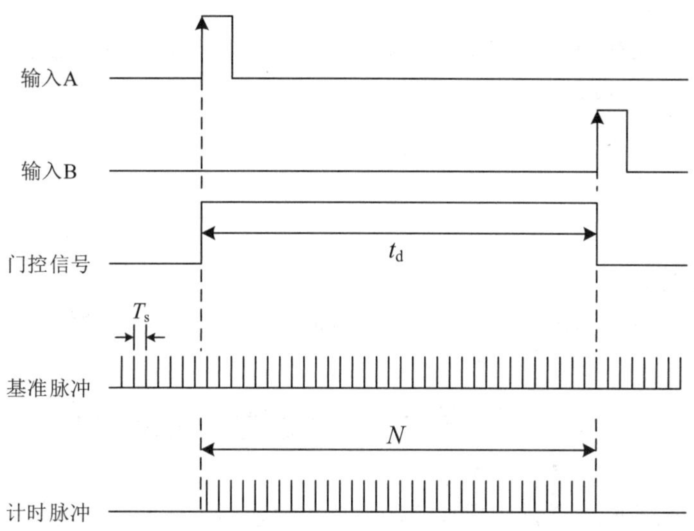

图 5-12　时间间隔测量波形图

5. 累加计数

累加计数是电子计数器的基本功能之一，是指在给定的时间内对输入的脉冲进行累加计数，其原理框图如图 5-13 所示。

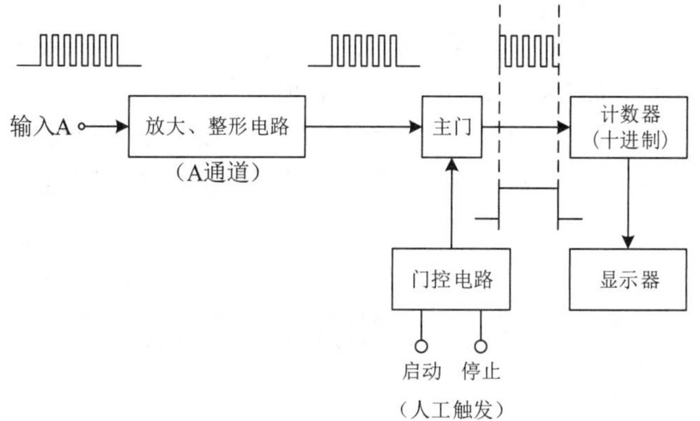

图 5-13　累加计数原理框图

如图 5-13 所示，将被测信号送入 A 通道，经过放大整形后输入到人工控制的主门的一个输入端。主门的开启时间由手动控制，即由从启动到停止之间的时间间隔决定。在主门开启时间内，主门输出脉冲，传送到计数器输入端，由计数器计算出脉冲总数，完成累加计数。

5.3　电子计数器主要技术指标

1. 频率测量范围

频率测量范围是指电子计数器能够测量的有效频率范围，如某型号电子计数器的频率测量范围是 1 Hz～10 MHz。

2. 周期测量范围

周期测量范围是指电子计数器能够测量的有效周期范围，如某型号电子计数器的周期测量范围是 0.4 μs～10 s。

3. 输入阻抗

输入阻抗是指电子计数器的输入阻抗，要求越大越好；另外，电子计数器还有输入电容指标，要求越小越好。

4. 闸门时间和时标

闸门时间和时标是指电子计数器内部标准时间信号源所提供的标准时间信号。

5.4 电子计数器使用注意事项

使用电子计数器时，通常需要注意的事项主要包括以下两方面内容。

1. 环境注意事项

在使用电子计数器进行测量时，周围环境要满足一定要求，通常包括温度、湿度等。另外，使用时还要注意附近不应有强磁场、强电场等干扰信号，不应受到强烈振动影响。

2. 使用注意事项

在具体使用电子计数器进行测量前后，还要注意以下事项：

(1) 电子计数器通电后，应预热一段时间，以保证晶振频率稳定度达到规定要求，通常预热 20 分钟。如果不要求精确测量，预热时间可适当缩短。

(2) 在测量前，应先对电子计数器进行自校检查，确保电子计数器自身正常工作。

(3) 在测量时，被测信号应满足电压幅值大小要求，不得超过电子计数器电压幅值输入范围，以免损坏仪器。

5.5 电子计数器典型产品选型

1. 基本选型原则

电子计数器基本选型原则如下。

(1) 频率范围满足要求。根据被测信号的频率范围及周期范围来选择合适的电子计数器。

(2) 闸门特性满足要求。在频率范围满足要求的基础上，再按照对电子计数器闸门时间及时标等技术参数要求来进一步选择合适的电子计数器。

2. 主要生产厂家

目前，电子计数器的主要生产地是中国、美国等。其中，美国的电子计数器厂家所占市场份额最大，主要生产商是美国 Agilent 和瑞典 Pendulum Instruments。

1) Agilent 公司

安捷伦公司的常规频率计产品主要有 53181A、53131A、53132A；另外，安捷伦公司还推出微波频率计 53150A、53151A、53152A(频率测量范围最高可达 46G)。

2) Pendulum Instruments 公司

Pendulum Instruments 公司的前身是飞利浦公司的时间、频率部门，总部位于瑞典首都斯德哥尔摩。其在时间、频率测量领域具有 40 多年的研发生产经历。

Pendulum Instruments 公司常规频率计型号主要有 CNT-91、CNT-90、CNT-81、CNT-85；另外，Pendulum Instruments 公司还推出铷钟时基频率计 CNT-91 R、CNT-85 R，以及微波频率计 CNT-90 XL(频率测量范围高达 60 G)。

3. 典型产品介绍

Agilent 53131A 电子计数器：双通道，在高达 225 MHz 频率上提供每秒 10 位的频率分辨率。单次时间间隔分辨率指标规定为 500 ps，通过平均可进一步降低。测量参数包括频率、周期、时间间隔、比值、相位角、总和、峰值电压、脉冲参数等，实物如图 5-14 所示。

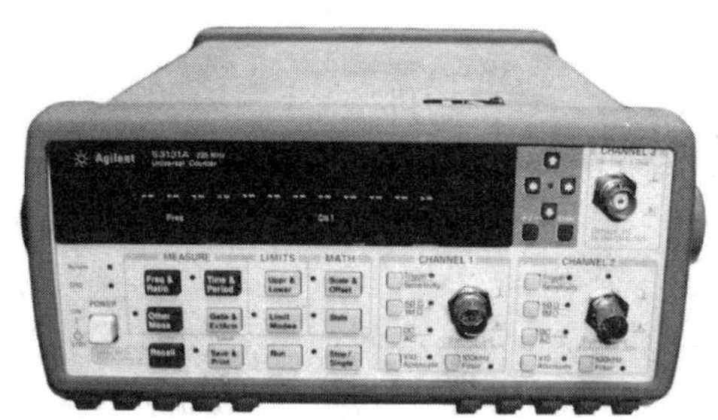

图 5-14 Agilent 53131A 电子计数器

5.6 扩展知识

5.6.1 频率与周期的概念

周期现象是指物体或物理量经过相等时间又重复出现相同状态的现象，相等时间即周期现象的周期，记为 T，其单位为秒。

频率则是指 1 秒钟内该相同现象的重复次数，记为 f，其单位为赫兹。

显然，周期 T 和频率 f 是描述同一现象的两个参数，其数学关系为

$$f = \frac{1}{T} \tag{5-8}$$

5.6.2 电子计数器测量误差分析

电子计数器在测量有关参数时会产生一定的测量误差，主要包括量化误差、标准频率误差、触发误差等，具体说明如下。

1. 量化误差

量化误差又称计数误差，产生原因是主门的开启时间和计数脉冲的到来时间是不可控的、随机的。因此，在相同的主门开启时间内，计数器对同样的脉冲个数进行计数时，不同测量次数之间的计数结果不一定相同。

量化误差形成示意图如图 5-15 所示。

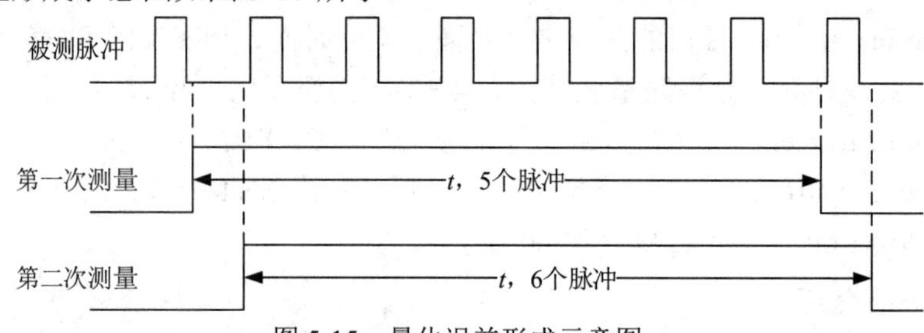

图 5-15　量化误差形成示意图

量化误差是利用计数原理进行测量的电子计数器所固有的、不可避免的，其特点是不论计数值 N 多大，其绝对误差都是 ±1。

相对误差为

$$\gamma_N = \frac{\Delta N}{N} \times 100\% = \pm \frac{1}{N} \times 100\%$$

1) 频率测量误差

频率测量误差主要是由量化误差决定。

$$\frac{\Delta f_x}{f_x} = \pm \frac{1}{N} = \pm \frac{1}{f_x T} = \pm \frac{1}{K_f T_s f_x}$$

说明：

(1) 当被测信号频率一定时，增大闸门时间 T(即增大 N)可以减小频率测量误差。

(2) 当被测信号频率相当低时，由于频率测量误差较大而不宜采用直接测频方法，可采用测量周期法先测出 T_x，然后再求频率 f_x。

2) 周期测量误差

周期测量误差主要由量化误差决定。

$$\frac{\Delta T_x}{T_x} = \frac{\Delta N}{N} = \pm \frac{1}{N} = \pm \frac{T_s}{T_x} = \pm \left(f_x \cdot T_s \right)$$

说明：

(1) 当被测信号频率一定时，减小时标时间 T_s 即增大 N 就可以减小周期测量误差。

(2) 当被测信号频率相当高时，由于周期值太小导致测量误差较大，因而宜采用直接测频方法测出 f_x，然后再求周期 T_x。

3) 中界频率 f_z

当 f_x 较低时，宜采用测周期法，然后根据 T_x 求 f_x；当 f_x 较高时，宜采用测频法。

当某个频率用两种方法测量的量化误差效果相同，即其频率测量误差与周期测量误差相同，这个频率称为中界频率 f_z，可由下式求得：

$$\frac{1}{f_x \cdot T} = f_x T_s$$

即

$$f_z = f_x = \frac{1}{\sqrt{T T_s}}$$

2. 标准频率误差

电子计数器在测量频率和时间时，都是以晶体振荡器产生的各种标准时间为时间基准的。显然，如果标准时间信号不准或不稳定，则会产生测量误差，此误差称为标准频率误差。

3. 触发误差

在输入通道将信号转换为标准脉冲时，存在各种干扰和噪声影响。同时，用作整形的施密特电路进行转换时，电路本身的触发电平还可能产生漂移，从而引入触发误差。触发误差的大小与被测信号大小和转换电路的信噪有关。

触发误差形成示意图如图 5-16 所示。

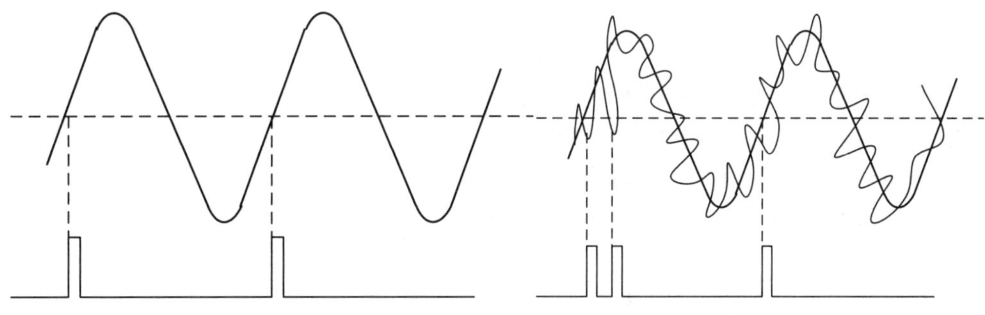

图 5-16　触发误差形成示意图

本章总结

本章首先介绍了电子计数器的发展历程、主要分类及主要用途；然后详细分析了电子计数器的基本结构及工作原理，电子计数器的主要技术指标；最后介绍了电子计数器的使用注意事项，电子计数器的典型产品选型。

本章对电子计数器的基础知识进行了系统介绍，为后续各类电子计数器的操作和应用奠定了技术基础。

课后习题

1. 选择题(单项选择)

(1) 在电子计数器中，送入闸门电路前的信号是_____。

A. 正弦波信号　　B. 数字脉冲信号

C. 扫描锯齿波信号　　D. 矩形方波信号

(2) 电子计数器测量频率和周期时，接入闸门的两信号位置应_____。

A. 相同　　B. 相反

C. 可以相同，也可以相反　D. 连在一起

(3) 测量频率比时，闸门的计数脉冲来自_____。

A. 晶振信号　　B. 频率较低的被测信号

C. 频率较高的被测信号　　D. 频率较低的被测信号或者频率较高的被测信号

(4) 在电子计数器中，_____是仪器的指挥中心。

A. 输入通道　　B. 逻辑控制电路

C. 闸门　　D. 时基电路

2. 判断题(正确的在后面括号内打√、错误的打×)

(1) 电子计数器频率测量和周期测量的信号输入通道相同。(　　)

(2) 电子计数器内部的闸门本质上是一个逻辑与门。(　　)

(3) 电子计数器的频率测量结果没有误差。(　　)

(4) 电子计数器开机后需要等待 10 分钟才能进行有效测量。(　　)

3. 简答题

(1) 通用电子计数器主要由哪些部分组成？各部分有什么作用？

(2) 电子计数器的频率测量原理是什么？

(3) 电子计数器的时间间隔测量原理是什么？

(4) 电子计数器在测量频率和周期时存在哪些主要误差？如何减小这些误差？

第 6 章　频谱分析仪

频谱分析仪又称为频域示波器，是用来分析电信号中所含频率成分的电子测量仪器，是从事各类电子产品研发、生产、检测的常用测量仪器，常被称为电子工程师的射频万用表。

本章首先介绍频谱分析仪的发展历程、主要分类及主要用途；然后详细分析频谱分析仪的基本结构及工作原理，频谱分析仪的主要技术指标；最后介绍频谱分析仪的使用注意事项，频谱分析仪的典型产品选型。

6.1　频谱分析仪概述

频谱分析仪是对电信号频域特性进行测量的必备电子测量仪器，主要用于信号失真度、调制度、频率稳定度等信号参数的测量，也可用于测量放大器和滤波器等电路系统的某些参数。

6.1.1　发展历程

自从 20 世纪 30 年代末人类发明了阴极射线管以来，便产生了以时间扫描方式显示时域信号的模拟示波器，同时也为以扫频方式显示信号的频域特性提供了可能。

随着电子技术的不断发展，频谱分析仪的发展也经历了从早期的模拟式频谱分析仪到数字式频谱分析仪，直到现在的模拟-数字混合式频谱分析仪。

1. 第一代：模拟式频谱分析仪

20 世纪 30 年代末，出现了以扫频的射频接收机为基础的早期频谱分析仪。

20 世纪 50 至 60 年代，出现了台式频谱分析仪。它是一种模拟式频谱分析仪，即带通滤波式频谱分析仪。它带有大量开关和控制旋钮，完全手动控制扫速、频率范围、分辨率和衰减量，操作复杂。

20 世纪 60 年代，具有频率和幅度校准功能以及前端可选的频谱分析仪问世，标志着频谱分析仪进入了定量测试时代。

1964 年，美国惠普公司推出半自动频谱分析仪 HP8551A，如图 6-1 所示，之后惠普公司在频谱分析仪研制领域处于领先地位，直到 20 世纪 80 年代末。

20 世纪 70 年代，频谱分析仪的测量频段已达到 18 GHz，并且出现了自动频谱分析仪。

在此期间，英国马可尼公司和美国泰克公司生产的高性能模拟频谱分析仪，对频谱分析仪的发展也做出了积极贡献。

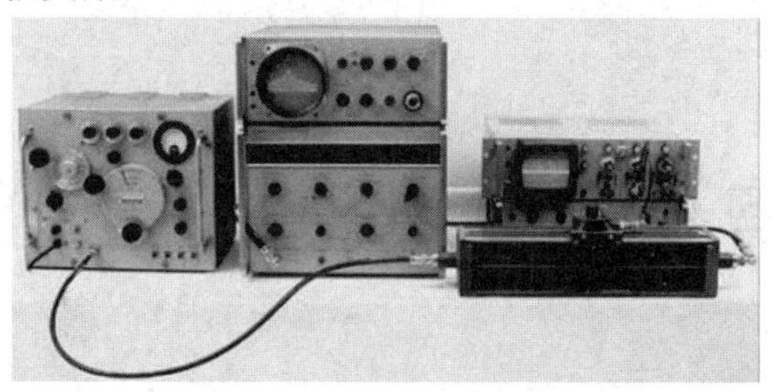

图 6-1　HP 8551A 频谱分析仪

2. 第二代：数字式频谱分析仪

20 世纪 80 年代，随着集成电路技术、快速 A/D 转换技术、频率合成技术、数字存储技术，尤其是微处理器技术的飞速发展，频谱分析仪技术的发展也出现突破，出现了数字式频谱分析仪。其技术指标得到大幅提高，频率测量范围扩展到 100 Hz～20 GHz，分辨率带宽达到 10 Hz。

20 世纪 90 年代，频谱分析仪向着小型、轻便、宽带的方向发展，出现了一系列高性能频谱分析仪，频率测量范围已达到 40 GHz，图 6-2 所示为某型号数字式频谱分析仪实物图。

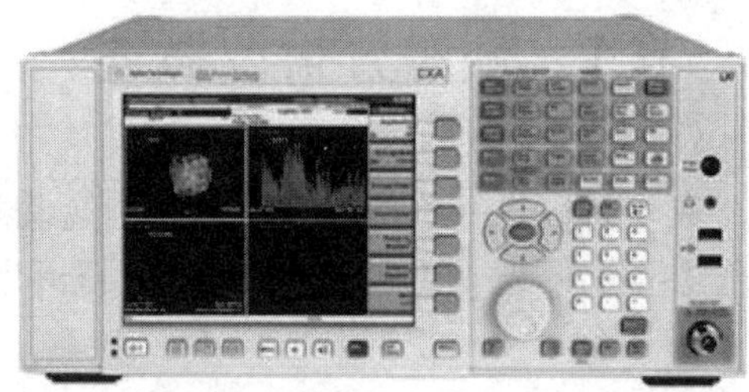

图 6-2　数字式频谱分析仪

3. 第三代：混合式频谱分析仪

21 世纪初，人们综合了模拟式和数字式频谱分析仪的优点，开发出了模拟-数字混合式频谱分析仪，这种频谱分析仪具有模拟式频谱分析仪与数字式频谱分析仪的特点。图 6-3 所示为某型号混合式频谱分析仪实物图。

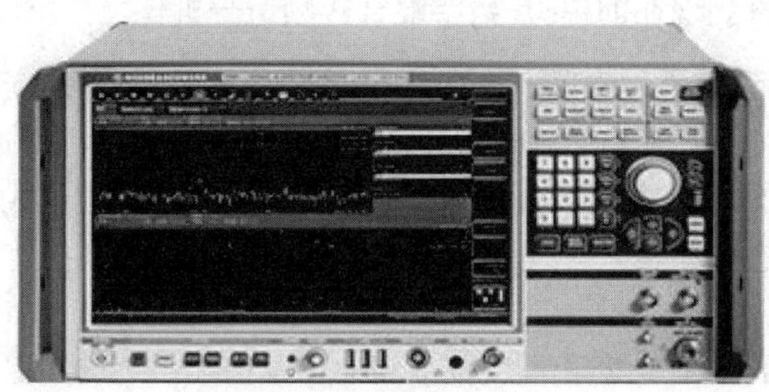

图 6-3　混合式频谱分析仪

目前，频谱分析仪的频率测量范围已经达到 30 Hz～50 GHz，外混频可以扩展到毫米波波段，分辨率带宽达到 1 Hz～3 MHz，测量信号的动态范围达到 100 dB，显示平均噪声−110 dBm。

有关频谱分析仪的发展历程如图 6-4 所示。

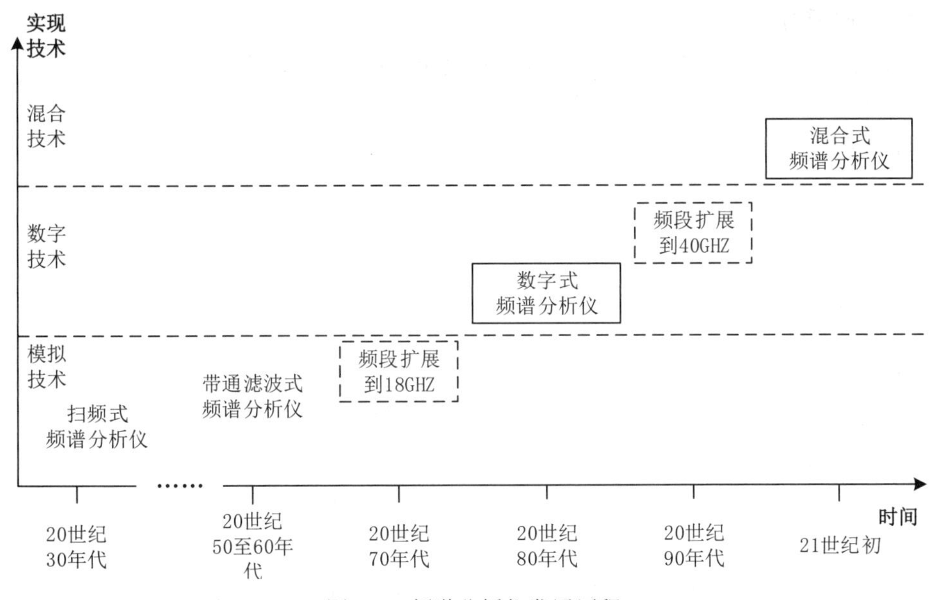

图 6-4　频谱分析仪发展历程

6.1.2　主要类型

1. 按照结构原理分类

按照频谱分析仪的结构原理，可将其分为以下三类。

1) 模拟式频谱分析仪

模拟式频谱分析仪是第一代频谱分析仪，主要以模拟电路技术来实现频谱分析功能。模拟式频谱分析仪通常又分为以下三类：

(1) 带通滤波式频谱分析仪；

(2) 扫频滤波式频谱分析仪；

(3) 扫频外差式频谱分析仪。

其中，带通滤波式频谱分析仪是最早出现的一类模拟式频谱分析仪，扫频滤波式频谱分析仪及扫频外差式频谱分析仪则是在其基础上演化发展而来的。

目前，扫频外差式频谱分析仪仍在广泛使用。

2) 数字式频谱分析仪

数字式频谱分析仪是第二代频谱分析仪，主要以数字滤波器或 FFT 为基础来实现频谱分析功能。

由于数字式频谱分析仪受到数字系统工作速度限制，因此其通常适用于低频段的信号频谱分析。

3) 混合式频谱分析仪

除了上述模拟式频谱分析仪及数字式频谱分析仪之外，现代一些高档频谱分析仪既能用来测量低频信号，又能用来测量高频信号，其结构原理属于以上两种类型的结合，具有实时信号分析能力，常称为模拟-数字混合式频谱分析仪或实时频谱分析仪。

2. 按照实现方法分类

按照频谱分析仪的实现方法和频谱测试的实现技术，可将其分为以下四类。

(1) 带通滤波式频谱分析仪；

(2) 扫频外差式频谱分析仪；

(3) 快速傅里叶变换频谱分析仪(FFT 频谱分析仪)；

(4) 实时频谱分析仪。

6.1.3 主要用途

频谱分析仪是用来分析信号中所含频率成分的专用仪器。随着无线电和电子技术的不断发展，频谱分析仪的技术性能和测试功能日益完善。目前一些新颖高档的频谱分析仪具有大频率测量范围，准确度、灵敏度以及稳定度高，可用来测量信号的许多参数，如功率测量、频率测量、调制测量、失真测量、噪声测量、EMC/EMI 测量等。

6.2 频谱分析仪基本结构及工作原理

本节我们对带通滤波式频谱分析仪、扫频外差式频谱分析仪、快速傅里叶变换频谱分析仪和实时频谱分析仪的基本硬件结构及工作原理进行说明。

6.2.1 带通滤波式频谱分析仪

带通滤波式频谱分析仪是一种最早出现的频谱分析仪，又可称为顺序滤波式频谱分析仪器。其实现方法及硬件结构对我们理解其他类型的频谱分析仪具有重要的参考价值。

1. 基本硬件结构

图 6-5 所示为带通滤波式频谱分析仪的硬件原理框图，主要由多个滤波器、检波器及显示器件构成，各主要部件的基本功能说明如下。

(1) 带通滤波器：由多个中心频率不同的带通滤波器构成，用来将被测信号中的各频率点上的信号分离出来，以便对其进行测量和显示。

(2) 检波器：对各带通滤波器的输出信号的幅值进行检波，以便后续显示。

(3) 显示器：对检波器的输出幅值进行图形显示。

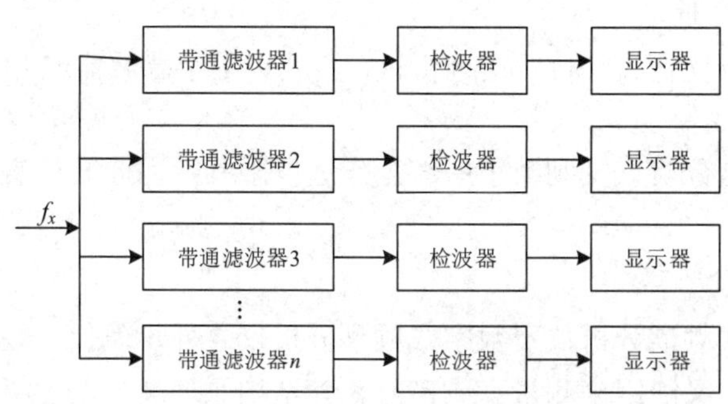

图 6-5　带通滤波式频谱分析仪硬件原理框图

2. 基本工作原理

带通滤波式频谱分析仪的基本工作原理是将被测信号同时引入一系列带宽相同、但中心频率以带宽为步进等差递增的多个带通滤波器中，再分别通过各频率检波器检波，得到各频率点功率大小，最后再通过显示屏显示出来。

带通滤波式频谱分析仪的最小频率分辨带宽是由带通滤波器的带宽决定的。假设带通滤波器的带宽是 10 kHz，那么带通滤波式频谱分析仪的频率精度只有 10 kHz。这是因为多条频率的功率谱线如果出现在同一带通滤波器的 10 kHz 频率范围内，那么带通滤波式频谱分析仪的测试结果在此 10 kHz 范围内，只显示一条功率谱线，带通滤波器将测出其频率范围内的能量，而不管多少频谱分量产生这一总能量。因此对紧密相邻的频谱分量，其最小频率分辨带宽受制于带通滤波器的宽带。

3. 优缺点分析

带通滤波式频谱分析仪的最大优点是：能迅速跟踪信号频谱随时间的变化，具有良好的实时性，故带通滤波式频谱分析仪又属于实时频谱分析仪；

带通滤波式频谱分析仪的最大缺点是：为了保证最小频率分辨率带宽，需要使用多个窄带滤波器，所需窄带滤波器的数量随着带通滤波式频谱分析仪的测量频率范围的增大及最小频率分辨率的减小而增加。

6.2.2　扫频外差式频谱分析仪

为了解决对宽带信号进行频谱分析的问题，人们在带通滤波式频谱分析仪的基础上又设计出扫频滤波器频谱分析仪、扫频外差式频谱分析仪等设备。

扫频滤波器频谱分析仪又称中频滤波器频谱分析仪，它是将中频滤波器的中心频率固定，将被测信号通过与周期斜波发生器控制下的压控振荡器(VCO)的输出频率混频使其频率落到中频滤波器频率范围内，其机理相当于用一只带通滤波器沿着频率方向扫描一遍，记录下各频率点的功率谱线，这样就解决了宽带频谱测量带通滤波式频谱分析仪无法克服需要大量带通滤波器的难题。

扫频外差式频谱分析仪则是把固定中频的窄带中频放大器作为选择频率的滤波器，把本振作为扫频器件，输出一串频率从低到高的本振信号，与输入的被测信号中的各频率分量逐个混频，使之依次变为相对应的中频频谱分量，经放大、检波和滤波，最后显示结果。

上述两类频谱分析仪的基本设计思路类似，下面选择其中一种进行系统结构及原理分析，重点对目前应用广泛的扫频外差式频谱分析仪进行说明。

1. 基本硬件结构

扫频外差式频谱分析仪是按外差方式来选择所需频率分量的，其中频固定，通过改变本机振荡器的振荡频率达到选频的目的。

扫频外差式包括外差和扫频两个含意，其中外差的含义是本振信号(即扫频振荡器信号)与被测信号经混频器差频产生固定中频信号，因此仪器只要采用一个窄带滤波器即可，而中频放大器则起到窄带滤波器的作用；扫频即本振信号频率可连续改变。

在本振信号进行频率扫频时，本振信号和被测信号顺序差频得到中频，即相当于选取一系列被测信号的频率分量。例如，假设中频频率为 6 MHz、本振信号的频率从 9 MHz 扫频到 13 MHz，若被测信号包括 3 MHz、4 MHz、5 MHz、6 MHz、7 MHz 5 个频率成分，当本振信号的频率为 9 MHz 时与 3 MHz 被测信号频率差频得到第一个 6 MHz 信号、本振信号频率扫到 10 MHz 时与 4 MHz 被测信号差频得到第二个 6 MHz 信号，以此类推，将顺序得到第三、第四、第五个中频信号。

图 6-6 所示为扫频外差式频谱分析仪的硬件原理框图，这种频谱分析仪主要由外差式接收机和示波器两大部分组成，各主要部件的基本功能说明如下。

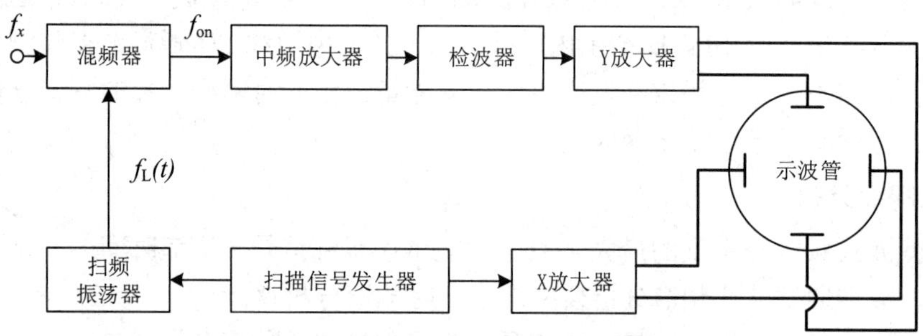

图 6-6　扫频外差式频谱分析仪硬件原理框图

(1) 混频器：将本振信号的频率与被测信号的频率进行差频，使输入高频信号转换成中频信号。

(2) 中频放大器：为频率固定的带通放大器，对混频器输出信号进行滤波和放大处理。

(3) 检波器：对中频放大器输出信号幅值进行检波。

(4) 扫频振荡器：扫频振动器是频谱分析仪的内部振荡源，其输出频率受扫描信号发生器的电压调制。

(5) 扫描信号发生器：产生扫描信号(通常为锯齿波信号)，对扫频振荡器的输出频率进行调制。

(6) X 放大器、Y 放大器：用于对 X 轴、Y 轴输入信号幅值进行放大处理。

(7) 示波管：用于被测信号的频谱曲线显示。

2. 基本工作原理

如图 6-5 中所示，扫频振荡器是仪器内部的振荡源，相当于接收机的本机振荡器，但是它要受到锯齿波扫描电压的调制，当扫频振荡器的频率 $f_L(t)$在一定范围内扫动时，输入信号中的各个频率分量 f_{xn}(比如 f_{x1}，f_{x2})和扫频信号在混频器中产生的差频信号 $f_{on}=f_{xn}-f_L(t)$依次落入中频放大器的通频带内(这个通频带是固定的)，获得中频增益后，经检波加到 Y 放大器放大后再送至示波管的 Y 偏转系统，使亮点在屏幕上垂直方向的偏移正比于该频率分量的幅值。

由于示波管的扫描电压就是扫频振荡器的调制电压，所以水平轴已变成频率轴，因而在屏幕上显示出被测信号的频谱图。

需要说明的是，外差法是以扫频振荡信号同被测信号进行差频，因此被测信号中的各频率分量以扫频速度依次落入中频放大器的带宽内。由于中频放大器的窄带滤波器总有一定的通带宽度，因而在示波器上看到的谱线实际上是一个窄带滤波器的动态幅频特性曲线图形。为了得到高的分辨率，则需要中频滤波器具有很窄的带宽。另外，因为被测信号中的各频率分量是顺序依次通过中频滤波器、检波器送到显示器的，所以扫频外差式频谱分析仪的频率分析法是一种顺序分析法，即按照时间上的先后顺序来测量被测信号中的各谱线成分，不能得到实时频谱。

3. 优缺点分析

扫频外差式频谱分析仪的主要优点是：系统结构相对简单、功能强大。其主要缺点是：不能进行实时频谱分析，是一种非实时频谱分析仪。

6.2.3　快速傅里叶变换频谱分析仪

快速傅里叶变换(FFT)频谱分析仪可用来确定时域信号的频域表示形式，即频谱。信号需要在时域中被数字化，然后才能执行 FFT 算法，最终便得到信号的频谱。

1. 基本硬件结构

图 6-7 所示为 FFT 频谱分析仪的硬件原理框图，其主要由衰减器、低通滤波器、采样器、模/数转换器、FFT 算法微处理器及显示器等部分构成。

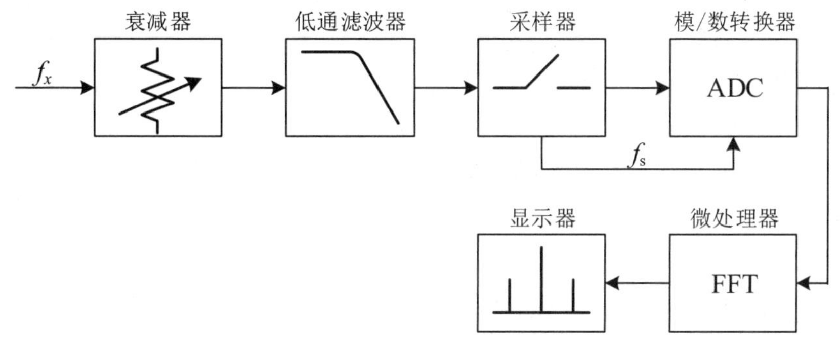

图 6-7　FFT 频谱分析仪硬件原理框图

各主要部件的基本功能说明如下。

(1) 衰减器：对输入的被测信号进行衰减处理，以便进行数据采集。

(2) 低通滤波器：对输入的被测信号进行低通滤波处理。

(3) 采样器：对被测信号的模拟量进行采样保持，以便后续模/数转换。

(4) 模/数转换器：对模拟量进行数字量转换，便于微处理器处理。

(5) 微处理器：对采集得到的被测信号的数字量进行滤波等数据处理。

(6) 显示器：对被测信号的频谱曲线进行显示。

2. 基本工作原理

由图 6-7 可知，FFT 频谱分析仪的工作原理是：首先输入信号通过一个可变衰减器，以提供不同的测量范围；然后，信号通过低通滤波器滤去频谱分析仪频率范围之外的高频分量；通过采样器，对信号波形进行采样，再通过采样电路和模/数转换器的共同作用变为数字形式，利用 FFT 计算波形的频谱，并将结果在显示器上显示，从而测量出信号频谱。

FFT 频谱分析仪能完成与多通道滤波器式频谱分析仪相同的功能，但无需使用多个带通滤波器。所不同的是 FFT 频谱分析仪采用数字信号处理来完成与多个滤波器相当的功能。FFT 频谱分析仪的理论根据为均匀抽样定理和傅里叶变换，具体见本章扩展知识部分。

3. 优缺点分析

FFT 频谱分析仪的主要优点是：硬件结构实现简单，主要通过软件实现频谱分析。其主要缺点是：FFT 频谱分析仪不适合脉冲信号的分析，而且由于 A/D 转换器速度的限制，FFT 频谱分析仪仅适合低频信号的频谱分析，而并不适合高频及微波范围的信号频谱分析。

6.2.4　实时频谱分析仪

随着射频技术的不断发展，目前射频信号承载着复杂的调制技术。与过去的射频信号相比，其间歇性更高，突发性更强。它们在不同时点之间变化、跳频，快速达到峰值，然后消失，不可预测。结果使测量和分析这些信号的方式遇到了空前的挑战，传统的扫频外差式频谱分析仪无法实现在频域、时域或调制域中分析不同时间瞬时信号的能力。如何正确触发、捕获、全面分析和检测当前复杂的随时间变化的射频信号，变得越来越关键。实时频谱分析仪的出现为我们提供了在无线通信测试领域强有力的工具。

实时频谱分析仪是随着现代 FPGA 技术发展起来的一种新式频谱分析仪，与传统频谱分析仪相比，它的最大特点在于在信号处理过程中能够完全利用所采集的时域采样点，从而实现无缝的频谱测量及触发。由于实时频谱分析仪具备无缝处理能力，使得它在频谱监测，研发诊断以及雷达系统设计中有着广泛的应用。

实时频谱分析仪不仅具有频谱分析能力，还可同时进行时域信号分析、调制信号分析和矢量信号分析，更重要的是能捕获连续信号、间歇性信号和随机信号，并具有实时频率事件的触发能力。

1. 基本硬件结构

图 6-8 所示为实时频谱分析仪的硬件原理框图，其主要由本地振荡器、衰减器、低通滤波器、RF 下变频器、IF 滤波器、模/数转换器(ADC)、DSP 信号处理器及显示器等部分构成，各部分的作用与前面章节的基本相同，这里不再赘述。

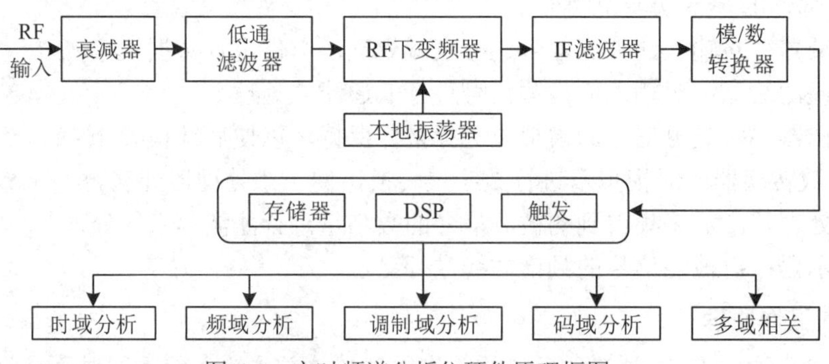

图 6-8　实时频谱分析仪硬件原理框图

实时频谱分析仪通常采用快速傅里叶变换(FFT)来进行频谱分析。FFT 技术并不是实时频谱分析仪的专利，其在传统的扫频外差式频谱分析仪上亦有所应用。但是实时频谱分析仪所采用的 FFT 技术与之相比有着许多不同之处，同时其测量方式和显示结果也有所不同，具体说明如下。

(1) 高速测量能力。频谱分析仪的信号处理过程主要包括两步，即数据采样和信号处理。为了保证信号不丢失，其信号处理速度需要高于采样速度。

(2) 恒定处理速度。为了保证信号处理的连续性和实时性，实时频谱分析仪的处理速度必须保持恒定。传统频谱分析仪的 FFT 计算在 CPU 中进行，容易受到计算机中其他程序和任务的干扰。实时频谱分析仪普遍采用专用 FPGA 进行 FFT 计算，这样的硬件实现既可以保证高速性，又可以保证速度稳定性。

(3) 频率模板触发(Frequency Mask Trigger，FMT)功能。FMT 是实时频谱分析仪的主要特性之一，它能够根据特定频谱分量大小作为触发条件，从而帮助工程师观察特定时刻的信号形态。传统的扫频外差式频谱分析仪和矢量信号分析仪一般只具备功率或者电平触发功能，不能根据特定频谱的出现情况触发测量，因此对转瞬即逝的偶发信号无能为力。传统扫频外差式频谱分析仪和实时频谱分析仪各自有着自己的应用场景。

(4) 三维显示功能。传统频谱分析仪的显示专注在频率和幅度的二维显示上，只能观察到测量时刻的频谱曲线。而实时频谱分析仪普遍具备时间、频率、幅度的三维显示，甚至支持数字余辉和频谱密度显示，从而帮助测试者观察到信号的前后变化及长时间统计结果。

2. 基本工作原理

实时频谱分析仪可以在仪器的整个频率范围内调谐射频前端，它把输入信号下变频为固定的中频，然后对信号进行滤波，使用 ADC 进行数字化，最后传送到 DSP(数字信号处理器)，DSP 管理着仪器的触发、内存和分析功能。

实时频谱分析仪为提供实时触发、无缝信号捕获和时间相关多域分析而进行了优化。实时频谱分析仪一旦检测、采集和存储了某个射频信号，便可以进行频域测量、时域测量和调制域测量。

3. 优缺点分析

实时频谱分析仪主要的优点是：能够在实时分析带宽之内无缝地进行 FFT 计算和频谱触发，因此十分有利于瞬态信号的捕获和分析，在频谱监测、雷达系统设计、跳频电台测试、振荡器研发等领域有着广泛应用。其主要缺点是：系统复杂，研制难度大，成本高。

6.3　频谱分析仪的主要技术指标

频谱分析仪的主要技术指标有扫频宽度、频率分辨率、灵敏度、动态范围。

1. 扫频宽度

扫频宽度是指频谱分析仪在一次测量分析过程(即一个扫描过程)中显示的频率范围。扫频宽度又称为分析谱宽。

为了观测被测信号频谱的全貌，需要较宽的扫频宽度；为了分析频谱图中的细节，则需要窄带扫描。因此，频谱分析仪的扫频宽度应是可调的。

每厘米相对应的扫频宽度称为频宽因数。扫频宽度很宽的频谱分析仪称为全景频谱分析仪，可以观测到信号频谱的全貌。

每完成一次频谱分析所需要的时间称为分析时间，即本机振荡器频率扫描完成整个扫频宽度所需要的时间，实际上就是扫描过程时间。

扫频宽度与分析时间之比称为扫频速度。

2. 频率分辨率

频率分辨率是指频谱分析仪能够分辨的最小谱线间隔。它表征频谱分析仪能把频率相互靠近的信号区分开来的能力。

频率分辨率取决于窄带滤波器的带宽，通常分如下三种具体分辨率。

(1) 常规分辨率：幅频特性曲线的 3 dB 带宽为频谱分析仪的常规分辨率。

(2) 静态分辨率：扫频速度为零时静态幅频特性曲线的 3 dB 带宽为频谱分析仪的静态分辨率。

(3) 动态分辨率：扫频工作时动态幅频特性曲线的 3 dB 带宽为频谱分析仪的动态分辨率。

通常，扫频外差式频谱分析仪的频率分辨率主要由其中频滤波器带宽决定，最小分辨率还受到本振频率稳定度的影响；而 FFT 频谱分析仪的频率分辨率与采样频率及 FFT 计算点数有关，频率分辨率 Δf、采样频率 f_s 和分析点数 N 三者之间的关系为 $\Delta f = f_s / N$。

3. 灵敏度

灵敏度是指显示幅度为满刻度时输入信号的电平值，反映了在最佳分辨带宽测量时其测量微小信号的能力。

通常，灵敏度与仪器内部噪声及扫频速度有关。扫频速度越快，动态幅频特性峰值越低，导致灵敏度下降，并产生幅值误差。

4. 动态范围

动态范围是表征频谱分析仪同时显示大信号与小信号的真实频谱能力，动态范围的上限由频谱分析仪的非线性失真所决定。频谱分析仪的动态范围一般在 60 dB 以上，有时甚至达到 90 dB。

为了适应不同测量需要，频谱分析仪幅值显示有两种方式：线性显示和对数显示。对数显示时要用到对数放大器，而线性显示时用线性放大器。

6.4　频谱分析仪使用注意事项

1. 技术培训注意事项

在用户初次使用频谱分析仪之前，必须由仪器厂家的技术人员对其进行技术培训、操作指导，以系统了解仪器的主要功能、操作规范及使用注意事项，避免因不熟悉仪器相关情况而导致仪器损坏或测量错误。

2. 使用前的注意事项

具体使用频谱分析仪之前，需要对如下事项进行确认，以保证测量过程的正确进行。

(1) 通常频谱分析仪应工作于常温环境下，当测试环境的温度改变 3～5℃时，需对频谱分析仪进行重新校准。

(2) 为了保证测试过程中的通风散热，通常要求频谱分析仪与其他物体保持一定距离，特别是其后部，一般至少保持 10 cm 以上。

(3) 频谱分析仪应避免阳光直射，且需远离震源、水源和腐蚀性气体等。另外，有些型号还有特殊的维护及使用要求，用户在使用之前应详细了解，并在后续操作过程中加以注意，以免出现各类错误。

(4) 频谱分析仪对静电非常敏感，应采取严格的静电防护措施，特别是对于仪器的输入、输出端口。仪器防静电操作的一般要求是：具有防静电工作台、座椅，穿防静电服，戴防静电手腕。

(5) 不要将直流电源或其他带电和磁性物体靠近频谱分析仪，以免影响其灵敏度。

(6) 要正确连接频谱分析仪与外设，保证各类接头的有效连接，避免松动或接触不良，影响测量精度。

(7) 电源对于频谱分析仪来说也是非常重要的。频谱分析仪的使用位置要与电源插座保持适当的距离，这样可以避免拉扯电源线太长。在给频谱分析仪加电之前，一定要确保电源接法正确，保证地线可靠接地。

频谱分析仪配置的是三芯电源线，开机之前必须将电源插头插入标准的三相插座中，不要使用没有保护地的电源线，以防止可能造成的人身伤害。

3. 使用中的注意事项

(1) 由于频谱分析仪的操作复杂，且厂家不同、型号不同，其使用差异很大，用户需要根据具体频谱分析仪的使用说明书来操作。

(2) 为了保证测试准确度，在使用或校准频谱分析仪之前，必须将其预热半小时以上，并在使用前对仪器状态进行检查记录，以便及时发现问题和提供可追溯信息。

(3) 在使用频谱分析仪进行频谱测量过程中，需要合理设置参数，按照操作规范来进行测量。

(4) 任何频谱分析仪在输入端口都有一个允许输入的最大安全功率，称为最大输入电平。若输入信号值超出了频谱分析仪所允许的最大输入电平值，则会损坏仪器。对于不允许直流输入的频谱分析仪，若输入信号中含有直流成分，则也会对频谱分析仪造成损伤，操作过程中需要加以注意。

(5) 有些型号的频谱分析仪在待机状态时，其内部部分电路并未断电，长时间不用或下班时，必须拔掉电源线或给电源插座断电关机。

(6) 使用过程中，不可带电插拔电源或搬运频谱分析仪。

4. 使用后的注意事项

(1) 频谱分析仪使用完毕后，应按照正确的操作规程对其进行关闭。

(2) 频谱分析仪关闭后，应及时切断其电源，并将仪器上的各类连接器按照正确的操作方法拆卸下来，并妥善放置。

(3) 根据频谱分析仪存放环境的温、湿度状况，对其进行适当保护。如存放在南方潮湿的天气时，需将频谱分析仪放置于干燥柜中，以免受潮后再次上电出现短路、损坏仪器。

6.5　频谱分析仪典型产品选型

1. 基本选型原则

(1) 首先，要根据被测信号的频率范围来选择合适的频谱分析仪。

(2) 在此基础上，应使频率分辨率、灵敏度、动态范围等技术参数满足测量要求。

(3) 最后，根据资金预算、用户对频谱分析仪主要生产厂家的了解等情况进行综合选型。

2. 主要生产厂家

目前频谱分析仪的主要生产厂家有美国的安捷伦公司(Agilent)、德国的罗德与施瓦茨公司(R&S)，另外，国内的普源精电(RIGOL)也有相关产品。

3. 典型产品介绍

1) 安捷伦 N9000A-503

安捷伦N9000A-503是一款用于基本信号分析的通用经济型频谱分析仪，如图6-9所示，有9 kHz～3 GHz或7.5 GHz两种选择。它具有丰富的频谱测试功能和信号分析能力，测试速度快、灵活性高、扩展性强，能从多方面帮助用户加快产品的测试与开发，降低成本、提高吞吐量和增强设计功能等。

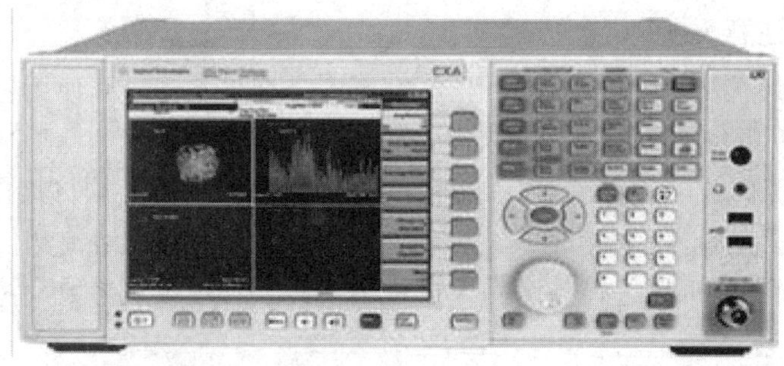

图 6-9 安捷伦 N9000A-503 频谱分析仪

2) 罗德施瓦茨 R&S FSW

罗德施瓦茨 R&S FSW 是一款高性能频谱分析仪，如图 6-10 所示，其频率范围可达 43.5 GHz，非常适合微波信号的测量分析。另外搭配 R&S 谐波混频器，其频率范围即可达到 110 GHz，为无线网络、雷达及卫星应用开发者提供有效的测试手段。

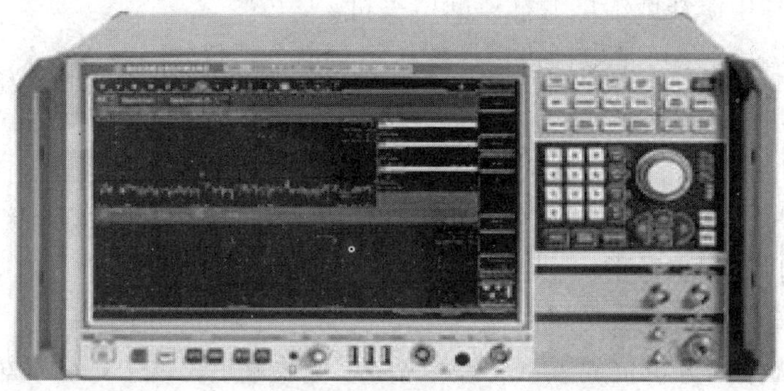

图 6-10 罗德施瓦茨 R&S FSW 频谱分析仪

3) 普源精电 DSA800

普源精电 DSA800 频谱分析仪是国产频谱分析仪，如图 6-11 所示，具有丰富的接口，如 LAN、USB Host、USB Device 和 GPIB(选配)；另外还具有 8 英寸(800 × 480)WVGA 显示屏，操作面板直观、界面紧凑轻便。

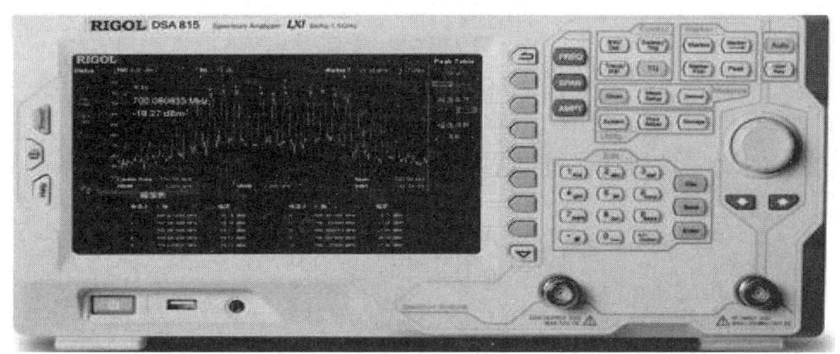

图 6-11 普源精电 DSA800 频谱分析仪

6.6 扩展知识

1. 均匀抽样定理

均匀抽样定理：一个在频谱中不含有大于频率 f_{max} 分量的有限频带的信号，由对该信号以不大于 $\frac{1}{2}f_{max}$ 的时间间隔进行的抽样值唯一确定。当这样的抽样信号通过截止频率 f 的理想低通滤波器后，可以将原信号完全重建。FFT 频谱分析仪的模/数转换器的实际采样频率 f_s 应满足

$$f_s > 2f_{max}$$

截止频率 f 与采样频率 f_s 以及 f_{max} 的关系如下

$$f_{max} \leqslant f \leqslant f_s - f_{max}$$

2. 傅里叶变换简介

依据傅里叶变换，信号可用时域函数 $f(t)$完整地表示出来，也可用频域函数 $F(\mathrm{j}\omega)$完整地表示出来，而且两者之间有密切的联系，其中只要一个确定，另一个也随之唯一地确定，所以可实现时域向频域的转换。

傅里叶变换公式为

$$F(\omega) = \int_{-\infty}^{\infty} f(t)\mathrm{e}^{-\mathrm{j}\omega t}\mathrm{d}t$$

3. 分贝及分贝毫瓦的概念

1) 分贝

分贝是增益的一种电量单位，通常简写成 dB。它常用来表示放大器的放大能力，衰减量等。分贝表示的是一个相对量，分贝对功率、电压、电流的定义如下：

$$分贝数 = 10\lg\left(\frac{输出功率}{输入功率}\right)\mathrm{dB}$$

$$分贝数 = 20\lg\left(\frac{输出电压}{输入电压}\right)\mathrm{dB}$$

$$分贝数 = 20\lg\left(\frac{输出电流}{输入电流}\right)\text{dB}$$

例如：A 信号的功率比 B 信号的功率大一倍，则有

$$10\lg\left(\frac{A}{B}\right) = 10\lg2 = 3\ \text{dB}$$

那么可以说成：A 信号的功率比 B 信号的功率大 3 dB。

2) 分贝毫瓦

分贝毫瓦是一个表示功率绝对值的单位，通常简写成 dBm，其定义如下：

$$分贝毫瓦 = 10\lg\left(\frac{输出功率}{1\text{mW}}\right)\text{dBm}$$

分贝毫瓦的计算公式为

$$x = 10\lg\left(\frac{P(\text{mW})}{1\text{mW}}\right)$$

用 dBm 表达测量功率与 1 mW 的比值。

例如：(1) 如果某信号的发射功率为 1 mW，则按分贝毫瓦进行计算为 10lg(1 mW/1 mW) = 0 dBm，即可说该信号发射功率为 0 dBm。

(2) 如果某信号的发射功率为 40 W，则按分贝毫瓦进行计算为 10lg(40 W/1 mW) = 46 dBm，即可说该信号发射功率为 46 dBm。

本章总结

本章首先介绍了频谱分析仪的发展历程、主要分类及主要用途；然后详细分析了频谱分析仪的基本结构及工作原理，频谱分析仪的主要技术指标；最后介绍了频谱分析仪的使用注意事项、频谱分析仪的典型产品选型。有关本章内容总结如图 6-12 所示。

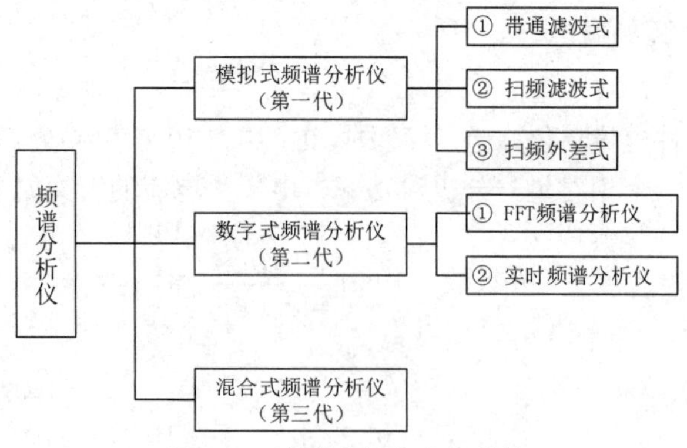

图 6-12　频谱分析仪内容总结

本章对频谱分析仪的基础知识进行了系统介绍，为后续各类频谱分析仪的操作和应用奠定了技术基础。

课 后 习 题

1. 选择题(单项选择)

(1) 测量电路网络的幅频特性曲线可采用的仪器设备是_____。

A. 扫频仪　B. 频谱分析仪　C. 谐波失真度测量仪　D. 示波器

(2) 测量正弦电路网络输出信号失真度可采用的仪器设备是_____。

A. 频谱分析仪　B. 扫频仪　C. 示波器　D. 谐波失真度测量仪

(3) 在频率特性测试仪显示屏上，横轴代表的是_____。

A. 时间　B. 电压　C. 频率　D. 电流

(4) 在频率特性测试仪显示屏上，纵轴代表的是_____。

A. 频率　B. 相对幅度　C. 电压　D. 电流

(5) 用扫频仪测试电路时，要改变波形幅度大小，应调节_____。

A. 电源电压　B. Y 轴增益　C. X 轴输入　D. 频标幅度

2. 判断题(正确的在后面括号内打√、错误的打×)

(1) 频谱分析仪是一类测量信号频域特性的电子测量仪器。　(　　)

(2) 频谱分析仪是一种先进的电子测量仪器，只有数字式频谱分析仪，没有模拟式频谱分析仪。　(　　)

(3) 带通滤波式频谱分析仪是一种最早出现的频谱分析仪。　(　　)

(4) 扫频外差式频谱分析仪是一种实时频谱分析仪。　(　　)

3. 简答题

(1) 频谱分析仪主要有哪些类型？

(2) 带通滤波式频谱分析仪主要由哪些部分组成？各部分有什么作用？

(3) 扫频外差式频谱分析仪主要由哪些部分组成？各部分有什么作用？

(4) FFT 频谱分析仪主要由哪些部分组成？各部分有什么作用？

(5) 扫频外差式频谱分析仪的基本工作原理是什么？

第 7 章　逻辑分析仪

20 世纪 70 年代以来，随着大规模集成电路、可编程逻辑器件、高速数字信号处理器以及计算机技术的迅猛发展，各种数字系统的设计、开发、测试任务越来越多，也越来越复杂。

数字系统所处理的信息都是二进制数，常用 1 表示高电平，0 表示低电平。多个二进制位组成一个二进制数，称之为数据域，对数据域进行的测试称为数据域测试。通常在进行数据域测试时，只能关注各数据之间大致的逻辑关系和时序关系，难以观察到数据的信号波形。对于数字系统设计人员来说，若想从大量的数据流中找出一些无规则、隐蔽、随机的错误无异于大海捞针，所以，只有采用一些全新的测试仪器，才能及时、准确地发现问题、解决问题。逻辑分析仪(Logic Analyzer，LA)是最基本、最具代表性的一类数据域测试仪器。

本章首先介绍逻辑分析仪的发展历程、主要分类及主要用途；然后详细分析逻辑分析仪的基本结构及工作原理，逻辑分析仪的主要技术指标；最后介绍逻辑分析仪的使用注意事项，逻辑分析仪的典型产品选型。

7.1　逻辑分析仪概述

逻辑分析仪是一类专门用于数据域测量的电子测量仪器，其主要功能是在时钟信号作用下对被测系统的数字信号进行采集、显示，用以判断其时序是否正确，从而对数字系统的故障进行检测和诊断。

与示波器不同，逻辑分析仪没有具体的电压值显示，通常只显示两种逻辑电平 1 和 0，因此需要设定一个电压值作为参考电压。被测信号通过比较器与参考电压进行比较，比参考电压高的为高电平，即为逻辑 1，比参考电压低的即为低电平，即为逻辑 0，在高电平与低电平之间形成数字波形。

7.1.1　发展历程

随着数字技术的发展，数字信号测试仪器也越来越重要。最早的数字信号测试主要借助于示波器。后来出现了定时分析仪和状态分析仪，从定时和状态的角度对多路数字信号进行测试。由于当时的定时分析仪和状态分析仪价格昂贵、测量范围很窄，导致两者的实际应用需求不大。随着数字技术的发展，融合数字定时分析和状态分析的逻辑分析仪应运而生。

伴随着数字电子技术、计算机技术、信号处理技术、软件技术等的快速发展，逻辑分析仪的发展主要经历了以下四代。

- 第一代逻辑分析仪：功能简单，仅具有简单的触发功能和显示方式，测量速度慢，且定时分析功能和状态分析功能独立于两种仪器——美国 HP 公司推出的状态分析仪和 BIOMATION 公司推出的定时分析仪。
- 第二代逻辑分析仪：功能复杂，能完成传统示波器的双通道输入而无法满足的 8 位字节的观察功能，结合了微处理器技术，其触发功能和显示方式有了很大改进，测量速度快，定时分析功能和状态分析功能被结合到一台仪器中。
- 第三代逻辑分析仪：具有速度快、通道数多、存储容量大等特点，且具有以系统性能分析为重点的分析能力。
- 第四代逻辑分析仪：已是性能相当完善的逻辑分析仪或逻辑分析系统。

7.1.2　主要类型

1. 按照工作特点分类

按照逻辑分析仪的工作特点，可将其分为逻辑状态分析仪和逻辑定时分析仪两种类型，两者主要区别在于显示方式和定时方式的不同。

1) 逻辑状态分析仪(Logic State Analyzer)

逻辑状态分析仪主要用于监测数字系统的工作程序，通常用 0 和 1 来显示被测数字信号的逻辑状态，用于对数字系统的运行状态进行分析。它与被测数字系统同步工作，主要用于系统的软件功能测试，通常可检测出数字系统的逻辑状态。

2) 逻辑定时分析仪(Logic Timing Analyzer)

逻辑定时分析仪主要用于显示数字系统各通道的逻辑波形，特别是各通道之间波形的逻辑关系。它与被测数字系统异步工作，主要用于数字系统的硬件功能测试，通常可检测出数字系统的工作时序及毛刺信号等。

2. 按照结构特点分类

按照逻辑分析仪的结构特点，可将其分为独立式逻辑分析仪和卡式虚拟逻辑分析仪两种类型，两者主要区别在于系统结构、使用方式的不同。

1) 独立式逻辑分析仪

独立式逻辑分析仪是将所有的硬件功能模块、运算管理模块、测试应用软件等集于一台仪器中，只要输入数字信号，便可独立对其进行逻辑分析，而不需要外部其他设备(如通用计算机)和软件(如测试应用软件)的配合。

独立式逻辑分析仪是早期的逻辑分析仪类型。

2) 卡式虚拟逻辑分析仪

卡式虚拟逻辑分析仪则是将逻辑分析仪的基本硬件功能和数据接口设计成一块标准的计算机插卡(如欧洲板插卡)，而将其分析功能、显示功能等用通用计算机来实现。卡式虚拟逻辑分析仪工作时需要通用计算机及相关测试应用软件的配合。

卡式虚拟逻辑分析仪是近年来发展起来的一类新型逻辑分析仪，具有丰富的数据通信、处理和显示等功能，是未来逻辑分析仪的发展方向。

7.1.3 主要用途

1. 逻辑分析仪主要特点

逻辑分析仪具有如下主要特点。

(1) 具有足够多的输入通道，能进行多通道同时检测。

(2) 具有快速的存储记忆功能，能快速地将采集的数据进行储存，这样有利于分析故障产生的原因。

(3) 具有灵活且准确的触发功能，确保对被观察的数据流准确定位。对软件而言，可以跟踪系统运行中的任意程序段；对硬件而言，可以检测并显示系统中存在的毛刺干扰。

(4) 具有灵活直观的显示方式，可用字符、助记符、汇编语言显示程序，用二进制、八进制、十进制、十六进制等显示数据，用定时图显示信息之间的时序关系。

(5) 具有限定功能，可对获取的数据进行挑选，并删除无关数据。

(6) 具有极高的取样速率。

因此，逻辑分析仪是数字系统设计验证与调试过程中最出色的工具，能够检验数字电路是否正常工作，并帮助用户查找和排除故障。逻辑分析仪每次可捕获并显示多个信号，分析这些信号之间的时间关系和逻辑关系；对于难以捕获的、间断性故障的调试，某些逻辑分析仪可以检测低频瞬态干扰，以及是否违反建立、保持时间。在软硬件系统集成中，逻辑分析仪可以跟踪嵌入式软件的执行情况，并分析程序执行的效率，便于系统最后的优化。另外，某些逻辑分析仪可将源代码与设计中的特定硬件活动相互关联。

2. 逻辑分析仪应用场合

当需要完成下列工作时，通常需要用到逻辑分析仪。

(1) 调试并检验数字系统的运行状态。

(2) 同时跟踪并使多个数字信号相关联。

(3) 检验并分析总线中违反时限的操作以及瞬变状态。

(4) 跟踪嵌入式软件的执行情况。

7.2 逻辑分析仪基本结构及工作原理

7.2.1 基本硬件结构

图 7-1 所示为逻辑分析仪的基本硬件原理框图，其主要由探头和主机两大部分构成。其中，主机部分又由输入比较器、存储器、时钟电路、触发电路、控制系统以及键盘、鼠标、显示器等部分组成。

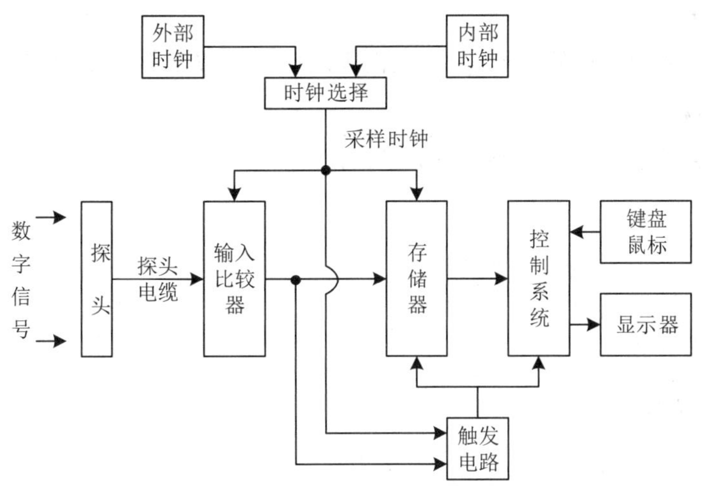

图 7-1　逻辑分析仪基本硬件原理框图

1. 探头

探头用于连接被测信号和逻辑分析仪的主机系统。根据具体应用可以配备不同类型的探头连接器。典型的探头类型有飞线探头、Mictor 探头、Soft touch 探头等；有单端探头也有差分探头。探头通过电缆连接到逻辑分析仪主机。

2. 输入比较器

输入比较器用其自带电压与输入信号电压进行比较，产生数字 0、1 比较结果。输入比较器的电压比较阈值可调，因此可适应不同电平标准的数字电路系统。

3. 存储器

存储器用于存储比较器的比较结果，并将数据发送给控制系统进行数据处理和显示。存储器容量越大，一次记录的波形时间就越长。

存储器的容量也称为深度，通常用点数来表示，一般指每个通道的存储点数，也有厂家指所有通道总共的存储点数。

4. 时钟电路

时钟电路用于对输入信号进行数据采集和存储，根据需要可选择外部时钟或者内部时钟。

根据采样时钟来源的不同，逻辑分析仪有两种工作模式。当使用内部时钟时称定时模式(Timing)，也称异步分析，通常用于电路的时序关系分析，定时模式要求采样时钟是被测信号速率的 5～10 倍，这样才能有比较好的显示效果；当使用外部时钟时称状态模式(State)，也称同步采样，采样时钟一般来源于被测电路的工作时钟，通常用于电路的功能性分析。状态模式下采样时钟一般和被测信号的数据速率一样，也可以双边沿采样。

5. 触发电路

触发电路根据输入数据的特定信息进行触发，控制数据采集、处理、显示过程的开始和停止。

逻辑分析仪的触发电路通常比较复杂，可以分为很多步，每步可以有分支，步与步之间还可以相互跳转，因此可以实现非常复杂的数字电路调试。

6. 控制系统

控制系统主要由数据处理单元(CPU)构成，用于对采集到的数据进行分析、处理和显示。

7. 键盘/鼠标

键盘/鼠标用于操作和控制逻辑分析仪。

8. 显示器

显示器用于显示采集到的原始数据和数据分析结果。

测试时，根据需要同时测试的信号数量可选择不同通道数的主机和探头，根据需要测试信号的快慢可选择不同采样速率的主机和不同带宽的探头。

7.2.2 基本工作原理

图 7-1 所示为逻辑分析仪的基本工作原理框图。逻辑分析仪的工作过程是数据采集→存储→分析→显示。由于采用数字存储技术，可将数据采集工作和显示工作分开进行，也可同时进行。必要时，可以反复显示存储的数据，以利于分析和研究问题。

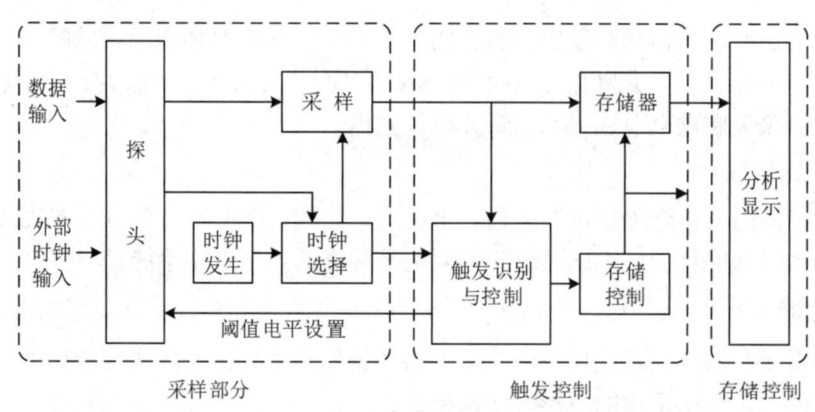

图 7-2　逻辑分析仪基本工作原理框图

测量时，首先用逻辑分析仪的探头监测被测数字系统的数据流，形成并行数据并送至比较器；被测信号在比较器中与事先设定的阈值电平进行比较，大于阈值电平的信号在相应的传输线上输出高电平，反之输出低电平，形成逻辑信号；经比较、整形后的逻辑信号被送至采样器，在时钟脉冲控制下进行采样，并按顺序存储在存储器中；采样信号按照先进先出的原则存储在存储器中，得到显示命令后，将按照先后顺序逐一被读出，再按设定的显示方式进行被测信号的显示。

通常逻辑分析仪有两种工作模式，分别是定时分析模式和状态分析模式。

1. 定时分析模式(Timing Analyzer Mode)

定时分析模式采用逻辑分析仪内部的时钟信号对输入信号进行异步采样。显示信息与示波器相似，横轴代表时间，纵轴代表逻辑值。

定时分析模式主要用来观察各数字信号之间的时间关系。

2. 状态分析模式(State Analyzer Mode)

状态分析模式采用被测系统的时钟信号对输入信号进行同步采样，因此其采样点是与被测系统同步的。存储器里采集到的数据按照与每个状态相对应的时间标签以列表形式显示。

状态分析模式便于跟踪软件中的小问题或者硬件设计中的元件缺陷，排除软件代码问题和一些硬件问题。

7.2.3　主要显示形式

逻辑分析仪将被测数据信号用数字形式写入存储器后，可以根据需要，通过控制电路将内存中的全部或部分数据稳定地显示在屏幕上，通常有以下几种显示方式。

1. 定时显示

定时显示是以类似方波的波形图的形式将存储器中的内容显示在屏幕上，高电平代表 1，低电平代表 0。由于显示的波形不是实际波形，所以也称为伪波形。

2. 状态表显示

状态表显示是以各种数值，如二进制、八进制、十进制、十六进制的形式将存储器中的内容显示在屏幕上。

3. 图解显示

图解显示是将屏幕的 X 方向作为时间轴，将 Y 方向作为数据轴进行显示的一种方式。将需要显示的数字量通过 D/A 变换器转变成模拟量，按照存储器中取出的数字量的先后顺序将此模拟量显示在屏幕上，形成一个图像点阵。

4. 映像显示

映像显示是将存储器中的全部内容以点图形式一次性显示出来。它将每个存储器字分为高位和低位两部分，分别经 X、Y 方向的 D/A 变换器变换为模拟量，送入显示器的 X 与 Y 通道，每个存储器字点亮屏幕上的一个点。

7.3　逻辑分析仪主要技术指标

1. 通道数

为了对一个数字系统进行全面分析，就要把所有需要观察的信号引入逻辑分析仪中，这样逻辑分析仪的通道数至少应当是：被测系统的字长(数据总线数) + 被测系统的控制总线数 + 时钟线数。这样对于一个 8 位计算机系统而言，就至少需要 34 个通道，而更高位的计算机系统则需要更多的通道。

目前，市面上常见的 34 通道逻辑分析仪用来分析 8 位数字系统，如北京海洋最新推出的 OLA 系列逻辑分析仪就是 34 通道。国际上主要生产厂家的主流产品通道数则高达 340 通道，如 Agilent、Tektronix 等。

2. 定时采样速率

在定时分析时，若要有足够的定时分辨率，则应当有足够高的定时采样速率。

目前，主流逻辑分析仪的定时采样速率达到 2 GS/s。在这个速率下，用户可以看到 0.5 ns 时间上的细节。

3. 状态分析速率

在状态分析时，逻辑分析仪采样基准时钟就用被测对象的工作时钟，即逻辑分析仪的外部时钟，这个时钟的最高速率就是逻辑分析仪的最高状态分析速率，也就是说，它是该逻辑分析仪可以分析的最快工作频率。

目前，主流逻辑分析仪的状态分析速率达到 300 MHz，最高可达 500 MHz 甚至更高。

4. 通道记录长度

逻辑分析仪的内存是用于存储它所采样的数据，以用于对比、分析、转换(如转换成非二进制信号)等。适合的内存长度大于我们即将观测的系统进行最大分割后的最大块数据的长度。

5. 测试探头

逻辑分析仪通过探头与被测器件连接，探头起着信号接口的作用，在保持信号完整性中占有重要位置。逻辑分析仪具有几十至几百通道的探头，其频率响应从几十兆赫兹至几百兆赫兹，保证各路探头相对延时最小，并保持幅度失真较低，这是表征逻辑分析仪探头性能的关键参数。

逻辑分析仪的优势在于能观察各路通道之间信号的定时关系。通常各个通道之间的定时时间会出现一定偏差，而且这种偏差不能消除，只能减小到一定程度。常见的逻辑分析仪通道之间的定时时间偏差约为 1 ns。

逻辑分析仪的几种常见探头类型说明如下。

(1) 阻性负载探头。阻性负载是指探头接入系统中对系统电流产生的分流作用。在数字系统中，系统的电流负载能力一般在几个 kΩ 以上，现在流行的几种长逻辑分析仪探头的阻抗一般在 20～200 kΩ 之间。

(2) 容性负载探头。容性负载就是探头接入系统时探头的等效电容，这个值一般在 1～30 pF 之间。在高速电路系统中，容性负载对电路的影响远远大于阻性负载，如果这个值太大，将会直接影响整个系统中信号沿的形状，改变整个电路性质，改变逻辑分析仪对系统观测的实时性，从而导致系统原有的特性发生改变。

(3) 探头易用性。易用性是指探头接入系统时的难易程度，随着芯片封装的密度越来越高，出现了 BGA、QFP、TQFP、PLCC、SOP 等封装形式，IC 的脚间距最小已达到 0.3 mm 以下，要很好地将信号引出，特别是 BGA 封装，确实困难，并且分立器件的尺寸也越来越小，典型的分立器件的封装尺寸已达到 0.5 mm × 0.8 mm。

图 7-3 所示为某型号逻辑分析仪的有源探头，图 7-4 所示为某型号逻辑分析仪的无源探头。

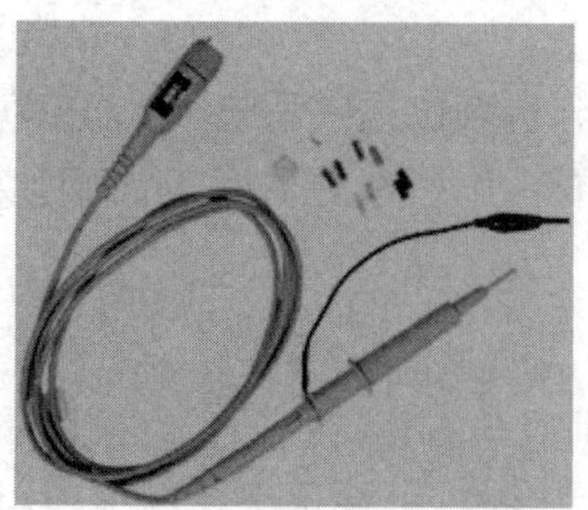

图 7-3　逻辑分析仪的有源探头

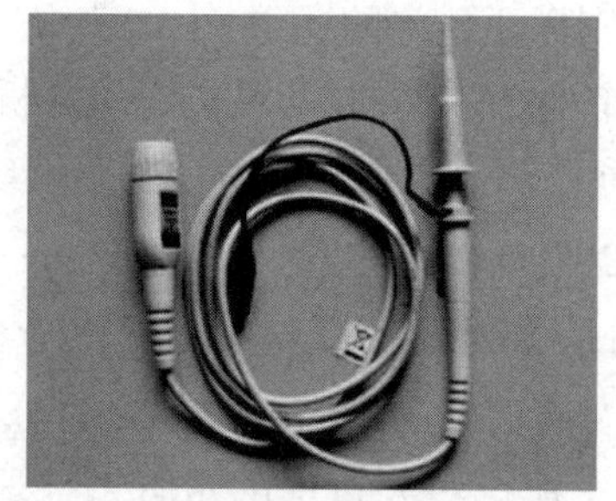

图 7-4　逻辑分析仪的无源探头

6. 测试夹具

逻辑分析仪通过探头与被测器件连接，测试夹具起着重要作用。测试夹具有很多种，如飞行头和苍蝇头等，在具体测试时，要根据需要合理选择。

有关逻辑分析仪与数字示波器的比较如表 7-1 所示。

表 7-1　逻辑分析仪与数字示波器的比较

比 较 内 容	逻 辑 分 析 仪	数 字 示 波 器
主要应用领域	数据域分析，数字系统的硬件、软件测试	模拟、数字信号的波形显示
检测方法和范围	利用时钟脉冲采样； 显示范围为采样时钟周期和存储容量二者的乘积； 可以显示触发前、触发后的逻辑状态	只能显示触发后扫描时间设定值范围内的波形
输入通道	容易实现多通道(≥16 通道)	很难实现多通道； 很多开关影响通道时延
触发方式	数字方式触发； 根据多通道的逻辑组合进行触发，容易实现与系统运行同步触发； 可以用随机的窄脉冲进行触发； 可以实现多级按顺序触发； 有跳变定时分析，可实现超长存储深度，可存储长时间、高速的信号	模拟方式触发； 根据特定的输入信号条件(电平或信号沿)进行触发； 对于多路信号，难以实现与系统运行同步触发； 不能用随机的窄脉冲进行触发； 不能进行多级按顺序触发
显示方式	数据实时采集存入存储器后，把输入信号变换成逻辑电平后低速显示，即数据采集部分与显示部分是独立的	实时显示

7.4　逻辑分析仪使用注意事项

1. 技术培训注意事项

在初次使用逻辑分析仪之前，应由仪器厂家技术人员对用户进行技术培训，以便系统了解仪器的主要功能、操作规范及使用注意事项，避免因不熟悉仪器操作而导致仪器损坏或测量不准确。

2. 使用前的注意事项

具体使用逻辑分析仪之前，需要确认如下事项，以保证测量过程的正确进行。

(1) 逻辑分析仪应工作于常温环境下。

(2) 为了保证测试过程中的通风散热，逻辑分析仪与其他物体应保持一定距离，特别是其后部，一般至少保持 10 cm 以上。

(3) 应避免阳光直射逻辑分析仪，且需远离震源、水源和腐蚀性气体等。另外，有些型号的逻辑分析仪还有特殊的维护及使用要求，用户在使用之前应进行详细了解，并在后续操作过程中加以注意，以免出现各类错误。

(4) 要正确连接逻辑分析仪与外设，保证各类接头的有效连接，避免松动或接触不良，影响测量。

(5) 电源对于逻辑分析仪来说也是非常重要的。在给逻辑分析仪加电之前，一定要确保电源接法正确，保证地线可靠接地。逻辑分析仪配置的是三芯电源线，开机之前，必须将电源插头插入标准的三相插座中，不要使用没有保护地的电源线，以防止可能造成的人身伤害。

3. 使用中的注意事项

(1) 由于逻辑分析仪操作复杂，且厂家不同、型号不同，其使用差异很大，用户需要根据具体逻辑分析仪的使用说明书来操作。

(2) 在使用逻辑分析仪进行数字信号测量的过程中，需要合理设置参数，按照操作规范来进行测量。

(3) 有些型号的逻辑分析仪在待机状态时，其内部部分电路并未断电，长时间不用或下班时，必须拔掉电源线或给电源插座断电关机。

(4) 使用过程中不可带电插拔电源或搬运逻辑分析仪。

4. 使用后的注意事项

(1) 逻辑分析仪使用完毕后，应按照正确的操作规程对其进行关闭。

(2) 逻辑分析仪关闭后，应及时切断其电源，并将设备上的各类连接器按照正确的操作方法拆卸下来，且妥善放置。

(3) 根据逻辑分析仪存放环境的温、湿度状况，对其进行适当保护。如存放在南方潮湿的天气时，需将逻辑分析仪放置于干燥柜中，以免受潮后再次上电时出现短路而损坏仪器。

7.5　逻辑分析仪典型产品选型

7.5.1　基本选型原则

逻辑分析仪的产品选型主要根据六项基本要素来进行，这六项选型要素分别是：信号采集能力、信号适应能力、可靠性、信号捕捉能力、信号处理能力及可扩展性，下面对其进行详细介绍。

1. 信号采集能力

信号采集能力反映了逻辑分析仪的基本工作能力，具体如下。

(1) 输入信号通道数决定了能同时测量的最多信号数量。

(2) 采样频率范围决定了能观察到的最高信号频率，也决定了测量的时间精度。一般当采样频率为被测信号频率 8 倍以上时，便可获得比较好的观察和测量结果。

(3) 采样存储深度决定了能存储的每个测量信号的采样数目。

2. 信号适应能力

信号适应能力决定了逻辑分析仪的工作范围，具体如下。

(1) 输入信号电压范围决定了逻辑分析仪正常工作的信号电压范围，当信号的电压超出范围时，通常会产生较大的输入电流。

(2) 输入信号触发电平调整范围反映了逻辑分析仪适应各种标准电平的能力。常见的范围为 –2 V～＋3 V。

(3) 数据建立时间和最小信号宽度反映的是同一个时间指标，当被测信号的宽度小于这个指标时，就可能会测量不到；最高输入信号频率是一个习惯性的指标，通常是指在占空比为 1:1 时 2 倍数据建立时间所对应的频率。另外，逻辑分析仪中输入信号模/数转换器的带宽指标也制约着最高输入信号频率。

(4) 输入阻抗和输入电流反映了逻辑分析仪测试弱信号的能力。当逻辑分析仪的输入端子接在一个驱动能力很弱的电压源信号上时(如高频晶体谐振器的无源端)，如果输入阻抗过低或输入电流过大，就可能使被测信号发生变形甚至消失。可供参考的较好的指标为：输入电阻＞1 MΩ；输入电容＜10 pF；输入电流＜3 μA。

(5) 输入信号探头种类是否齐全反映出逻辑分析仪测量功能的完善性。常用的探头类型有：高频探头(带宽＞200 MHz，上升速率＞3000 V/μs)，高阻抗探头(输入电阻＞1000 MΩ、输入电容＜5 pF)、长线驱动器(线长＞2 m)，高电压探头，小信号探头，差分信号探头，多线探头组等。

(6) 可装配的测试夹具和测试探针种类也反映出逻辑分析仪测量功能的完善性。一个功能完善的逻辑分析仪应当采用通用型测试端子接口，以便于连接各种性能的测试夹具。对于高密度电路测试，这些测量夹具是重要的：能够测量微小间距表贴元件的精密测试夹具；能够测量微小间距电路的精密防颤测试探针。

3. 可靠性

可靠性反映出逻辑分析仪的稳定程度和耐用程度。一台逻辑分析仪的可靠性包含许多因素，下述四点是其中比较重要而又能直接测试和审查的。

(1) 输入端子抗静电冲击能力。静电冲击是操作中经常发生的现象，一个高可靠性的逻辑分析仪的所有输入端子应该能够承受数千伏特的静电冲击而不被损坏。

(2) 输入端子抗电源冲击能力。短路和接错测试点也是操作中经常发生的现象，这样会产生强大的电源冲击，从而给逻辑分析仪造成损坏，所以，逻辑分析仪的所有输入端子应该能够承受数千伏特的电源冲击而不被损坏。

(3) 接插件结构和品质。接插件应当具有锁紧结构，以保障连接的可靠性，特别是高频测试部件，必须从结构上保证具有优良的高频特性。接插件应当使用优良的材料制造，以保证经久耐用，其接触部位建议按下述标准进行电镀处理：底层电镀 50 微英寸的镍，表层电镀 30 微英寸的金。

(4) 散热特性。散热特性会影响到设备的稳定性和工作寿命，良好的散热性能是逻辑分析仪必备的性能。

4. 信号捕捉能力

信号捕捉能力反映出逻辑分析仪的特殊工作能力，具体如下。

(1) 信号状态触发器：在输入信号中相应的若干个信号的电平，即高电平或低电平处于特定组合状态时发出触发信号。

(2) 信号边沿触发器：在输入信号中某信号发生跳变(上升沿/下降沿/双沿)时发出触发信号。

(3) 信号总线触发器：可以使用输入信号中的相应位构成一个所需宽度的总线信号，当总线信号的值等相关参数处于特定状态(大于某值/小于某值/等于某值/在某区间内/在某区间外)时发出触发信号。

(4) 信号宽度触发器：在由输入信号合成的特定信号状态的持续时间值处于特定范围(大于某值/小于某值/在某区间内/在某区间外)时发出触发信号。

(5) 信号队列触发器：在由输入信号合成的特定信号按特定顺序发生时发出触发信号。

(6) 触发系统结构：一个完善的触发系统应当具有足够多的各种触发器，并能够提供灵活的逻辑运算和完善的控制操作，以满足捕捉复杂信号的要求。

(7) 同步时钟结构和频率范围：同步时钟可以由一个单独的输入信号产生，也可以由若干个输入信号合成产生，以提供更丰富的采样功能。同步时钟结构和频率范围标志着逻辑分析仪使用外部时钟信号的能力。

(8) 条件存储功能：该功能仅存储符合用户指定条件的采样结果，而不存储不符合用户指定条件的采样结果，因此可以跟踪更长的相关时间区域。

(9) 计时器范围：它影响到逻辑分析仪工作的时间范围。

5. 信号处理能力

信号处理能力主要反映出逻辑分析仪的软件水平，具体如下。

(1) 信号波形图示功能：能以图形方式显示所有被测信号的波形。

(2) 信号状态列表功能：能以数据表方式列出所有被测信号的状态。

(3) 标尺和标识功能：提供进行精确时间定位和测量的标尺和标识工具。

(4) 工作状态指示器：在逻辑分析仪工作时，指示出其主要工作状态。

(5) 信号搜索功能：能够让用户设定条件并自动向前或向后搜索对应的信号状态。

(6) 数据存储功能：能够以文件形式存储设定参数和采集到的数据，供以后使用。

(7) 数据比较功能：能够将若干次采集到的数据进行对比。

6. 扩展性

扩展性决定了可以构造的系统规模，它反映的是逻辑分析仪与其他设备协同工作的能力，具体如下。

(1) 同步信号接口：提供与其他设备连接在一起同步进行工作的能力。

(2) 数据接口：提供与其他软件平台共享数据和进行远程控制的能力。

7.5.2 主要生产厂家

目前，国内外均有厂家生产逻辑分析仪，下面就国外和国内厂家及其产品进行一些简要介绍。

国外的逻辑分析仪主要生产厂家有美国 Agilent 公司(如图 7-5 所示)和 Tektronix 公司(如

图 7-6 所示)，这两家公司掌握着逻辑分析仪的核心技术和大部分市场份额，其产品广泛应用于各逻辑分析领域。

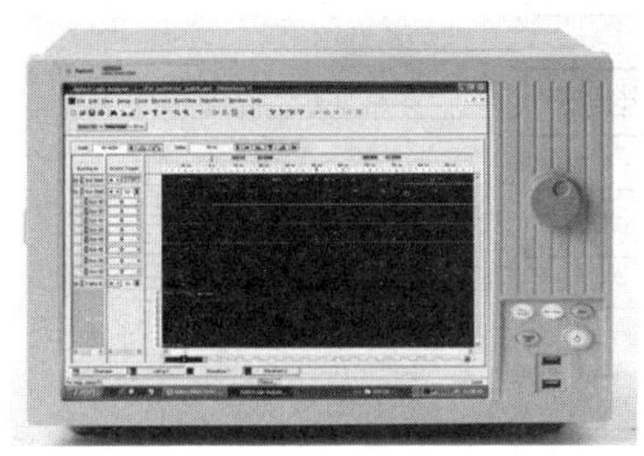

图 7-5　Aglient 逻辑分析仪

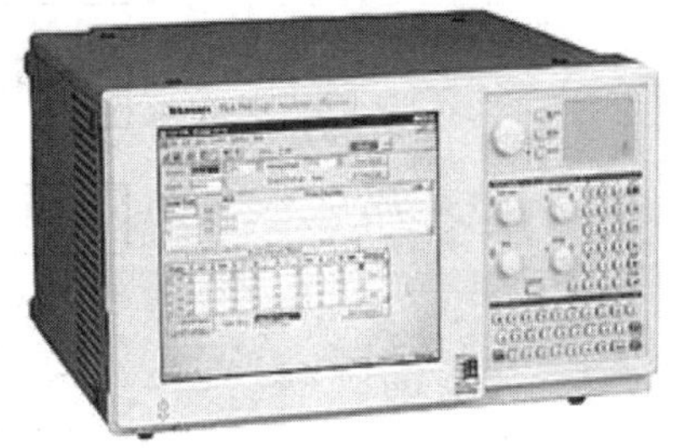

图 7-6　Tektronix 逻辑分析仪

国内的逻辑分析仪主要生产厂家有南京电讯仪器厂、上海无线电二十一厂、红华仪器厂等，这些厂家均制造了台式逻辑分析仪，但大部分产品都功能单一、性能指标低、操作繁琐，难以投入商业应用。

国内真正形成市场份额的是生产与微机配合工作的逻辑分析仪插卡或外接模块(如图 7-7 所示)。它们利用微机资源，补充逻辑分析仪的重要部分，共同完成数字系统的逻辑分析工作。该类产品价格不高，便于逻辑分析仪在国内的普及推广。

图 7-7　国产逻辑分析仪插卡或外接模块

7.5.3　典型产品介绍

实例：Agilent1693A 型逻辑分析仪。

Agilent1693A 型逻辑分析仪实物图如图 7-8 所示。工作时需与一台计算机协同工作，通过 IEEE-1394 总线接口进行通信。

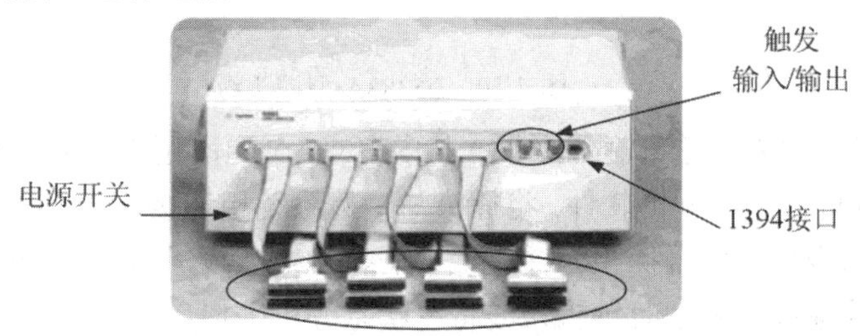

图 7-8　Agilent1693A 型逻辑分析仪实物图

用户对逻辑分析仪的操作和分析结果的显示是通过运行于计算机上的软件完成的。在定时分析模式下，逻辑分析仪的工作流程如图 7-9 所示。

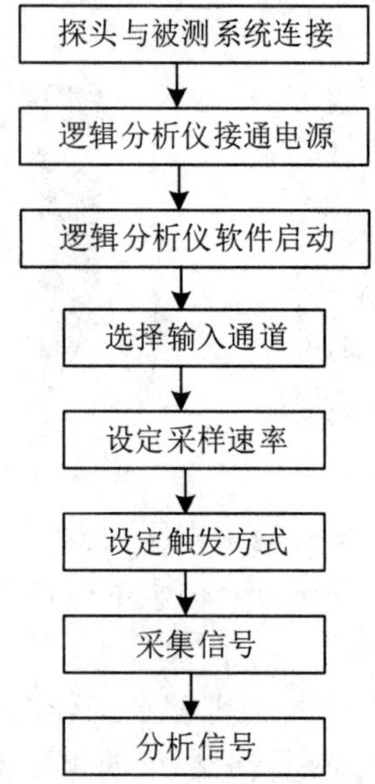

图 7-9　Agilent 1693A 逻辑分析仪工作流程(定时分析模式)

步骤 1：打开逻辑分析仪及分析软件。

在使用逻辑分析之前，首先要接通逻辑分析仪的电源，按下逻辑分析仪左下角的电源开关，启动逻辑分析仪。之后点击桌面上的“Agilent Logic Analyzer”的快捷方式，打开逻辑分析仪配套软件。

步骤 2：将探头与目标系统相连。

在打开逻辑分析仪与分析软件之后，应将逻辑分析仪的探头与目标系统相连。逻辑分析仪的探头有很多种，但其功能都是用来将目标系统中的信号输入逻辑分析仪，与示波器探头功能相似。本实验中使用的探头组型号为 E5383A，如图 7-10 所示。

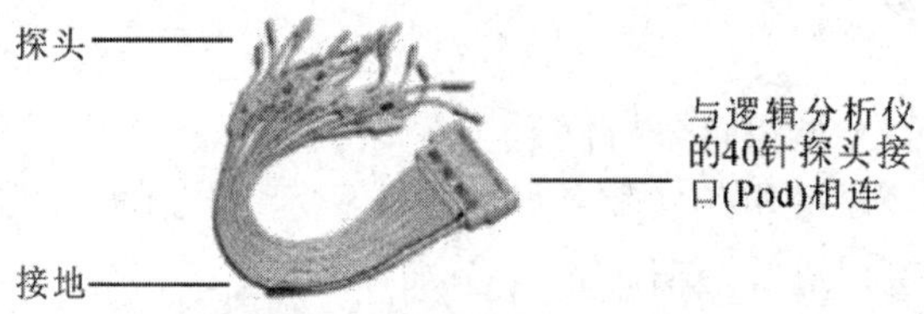

图 7-10　E5383A 型探头组

一个探头组有 17 个逻辑输入探头。其中有 16 个通用逻辑输入探头，1 个时钟输入探头，打开逻辑分析仪及其分析软件，将探头与目标系统相连接，选择输入通道设定采样率，设定触发采集信号分析信号探头。探头组中还有一根黑线，这是系统的 0 V 电平参考点，也就是常说的接地线。其中时钟输入线将在状态分析中使用，在定时分析模式下不使用。

在将探头与被测系统连接时，应先连接黑色地线，之后再将其他探头与需要分析的信号相连。

逻辑分析仪可用于测试数字集成电路、微处理器系统，诊断数字系统故障，测试微型计算机系统硬件和软件的正确性，它是数字系统检测与维修的重要工具。

本章总结

本章首先介绍了逻辑分析仪的发展历程、主要分类及主要用途；然后详细分析了逻辑分析仪的基本结构及工作原理，逻辑分析仪的主要技术指标；最后介绍了逻辑分析仪的使用注意事项，逻辑分析仪的典型产品选型。

本章对逻辑分析仪的基础知识进行了系统介绍，为后续各类逻辑分析仪的操作和应用奠定了技术基础。

课后习题

1. 选择题(单项选择题)

(1) 逻辑分析仪主要用于测量的信号类型是____。

A. 模拟信号　B. 数字信号　C. 频域信号　D. 语音信号

(2) 下列不属于逻辑分析仪内部主要部件的是____。

A. 输入比较器　B. 存储器　C. 时钟电路　D. 放大器

(3) 下列不属于逻辑分析仪显示方式的是____。

A. 定时显示　B. 状态表显示　C. 图解显示　D. 动画显示

(4) 通常，逻辑分析仪带有的最少通道数是____。

A. 24 通道　B. 34 通道　C. 48 通道　D. 60 通道

2. 判断题(正确的在后面括号内打√、错误的打×)

(1) 频谱分析仪是一类测量信号频域特性的电子测量仪器。　(　　)

(2) 频谱分析仪是一种先进的电子测量仪器，只有数字式频谱分析仪，没有模拟式频谱分析仪。　(　　)

(3) 带通滤波式频谱分析仪是一种最早出现的频谱分析仪。　(　　)

(4) 扫频外差式频谱分析仪是一种实时频谱分析仪。　(　　)

3. 简答题

(1) 什么是数据域测量？

(2) 逻辑分析仪由哪些部分组成？

(3) 逻辑分析仪的主要作用有哪些？

(4) 简述逻辑分析仪的工作过程。

第 8 章 智 能 仪 器

随着数字电子技术、微处理器技术、通信技术等的不断发展，各类电子测量仪器的研制方案也随之发生了变化，出现了一类采用了微处理器技术的电子测量仪器，通常称之为智能电子测量仪器，简称智能仪器。

智能仪器是计算机技术与电子测量仪器相结合的产物，是含有微处理器或微型计算机的电子测量仪器。

本章首先介绍智能仪器的研制背景、发展历程、发展趋势及主要功能；然后详细分析智能仪器的基本结构及工作原理；最后介绍智能仪器的研制方法。

8.1 智能仪器概述

智能仪器是目前最常见的电子测量仪器类型。它具有对数据进行采集、存储、运算、逻辑判断等功能，具有一定的智能功能，是电子测量仪器的主要发展方向。

8.1.1 研制背景

自 1971 年英特尔公司生产出世界上第一款微处理器芯片(Intel 4004 型 4 位微处理器，如图 8-1 所示)以来，微处理器技术得到了迅速发展。

图 8-1 Intel 4004 型 4 位微处理器

随着微处理器技术的出现和发展，电子计算机从过去的庞然大物缩小到可以内置于电子测量仪器内部的微处理器芯片，这些微处理芯片具有控制、运算及存储功能，可将其作为电子测量仪器的控制器、运算器及存储器之用，电子测量仪器也随之有了新的技术发展方向，即将微处理器技术应用于传统电子测量仪器的设计开发中，最终导致智能仪器的产生成为可能。

目前，绝大多数高精度、高性能、多功能电子测量仪器都采用了微处理器技术，在测量过程自动化、测量结果自动处理以及一机多用(多功能化)等方面已经取得了巨大进步，出现了一系列智能仪器，具备了良好的智能功能，广泛应用于生产、生活的方方面面。

8.1.2　发展历程

智能仪器是一类内部带有微处理器或单片机的微机化电子测量仪器，它是在模拟仪器和数字仪器基础上结合微处理器技术、总线技术、通信技术发展而来的一类新型电子测量仪器，与模拟仪器和数字仪器相比，其设计思路和开发方式已经发生了本质变化，是电子测量仪器一个新的发展方向。

从电子测量仪器开发所使用的电子器件来看，电子测量仪器的发展主要经历了三个阶段，即模拟仪器阶段、数字仪器阶段、智能仪器阶段。

1. 第一阶段：模拟式电子测量仪器

模拟式电子测量仪器又称指针式电子测量仪器，简称模拟仪器。模拟仪器主要采用模拟电子技术，所采集和处理的信号均为模拟量，如指针式电压表、电流表、功率表及一些通用电子测试仪器，均为典型的模拟式电子测量仪器，图 8-2 所示为典型的模拟仪器——模拟万用表。

模拟仪器的主要特点是体积大、功能简单、精度低、响应速度慢。

2. 第二阶段：数字式电子测量仪器

数字式电子测量仪器简称数字仪器。数字仪器主要采用数字电子技术，将被测的模拟信号转换成数字信号并进行测量，测量结果以数字形式输出显示，如数字电压表、数字存储示波器、数字频率计等，均为典型的数字式电子测量仪器，图 8-3 所示为典型的数字仪器——数字万用表。

图 8-2　典型模拟仪器——模拟万用表

图 8-3　典型数字仪器——数字万用表

数字仪器主要特点是精度高，速度快，读数清晰、直观，其结果既能以数字形式输出显示，还可以通过打印机输出。

3. 第三阶段：智能型电子测量仪器

智能型电子测量仪器简称智能仪器。智能仪器是计算机技术、通信技术、数字信号处理技术、软件技术等与电子测量仪器相结合的产物，图 8-4 所示为典型的智能仪器——数字示波器。

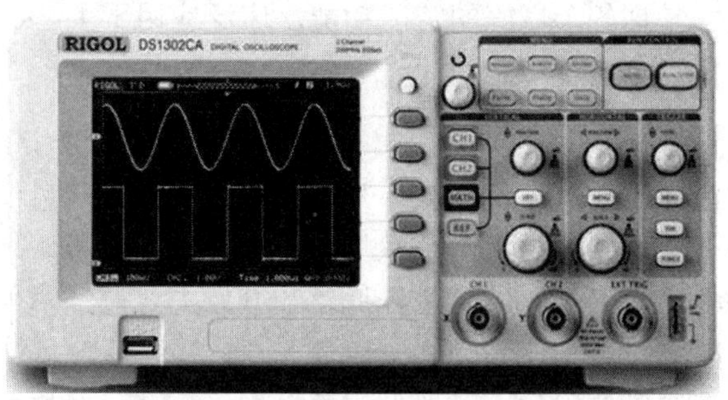

图 8-4　典型智能仪器——数字示波器

智能仪器主要特点：内部含有微处理器或单片机，具有数据存储、运算和逻辑判断等能力，能根据被测参数的变化自动选择量程，可实现自动校正、自动补偿、自寻故障、以及远距离传输数据、遥测遥控等功能。

智能仪器的发展过程主要经历了仪器功能改进和新型仪器开发两个阶段。

(1) 仪器功能改进阶段：通过对现有模拟仪器和数字仪器部分功能的改进，用微处理器实现原有测量功能，从而开发出各类智能仪器，这是智能仪器发展初期所采用的开发方式，是智能仪器发展的第一阶段。

(2) 新型仪器开发阶段：在仪器功能改进基础上，通过对用户需求的详细分析，并按照智能仪器研制流程开发一系列新的智能仪器，这是智能仪器发展后期所采用的开发方式，是智能仪器发展的第二阶段。

智能仪器是目前应用最为广泛的一类电子测量仪器，从功能简单的万用表、示波器，到功能复杂的频谱分析仪、逻辑分析仪等，都有相应的智能产品。

8.1.3　发展趋势

随着未来科技水平的不断发展和进步，智能仪器的主要发展趋势是微型化、智能化、虚拟化。

1. 微型化

微型化是指将微电子技术、微机械加工技术、信息技术等综合应用于智能仪器的设计与开发中，从而使智能仪器的体积更小、功能更全。

随着智能仪器微型化技术不断成熟，其应用领域必将不断扩大，未来在航天、航空、军工、生物医疗等领域将起到独特作用。

2. 智能化

智能化是指将人工智能等功能不断应用于智能仪器的设计与开发中，从而使智能仪器具有更强的智能化功能。

随着智能仪器智能化功能的不断增强，未来在某些自动化测试领域可实现由智能仪器来完成无人干预的自主测试工作。

3. 虚拟化

虚拟化是指智能仪器的部分或全部测试功能将逐步从硬件实现方式转变为软件实现方

式，软件逐步成为智能仪器的核心，实现软件就是仪器。

未来，智能仪器的数据分析、数据显示等功能将逐步由基于计算机的软件来完成，只要提供相应的数据采集系统就可以构建各类测量仪器，这种基于通用计算机的电子测量仪器称为虚拟仪器(Virtual lnstrument)，它是电子测量仪器未来的主要发展方向。

8.1.4　主要功能

相对于模拟仪器和数字仪器，智能仪器所具有的主要功能如下。

1. 自动诊断和故障监控功能

在工作过程中，智能仪器可以自动地对仪器本身各部分进行一系列实时监控，一旦发现故障即能报警，并显示出故障部位，以便及时处理。

部分智能仪器还可以在故障存在的情况下，自行改变系统结构，继续正常工作，即在一定程度上具有容忍错误存在的能力。

2. 自动数据处理功能

智能仪器能对测量数据进行各种复杂的数据处理和加工，例如：统计分析、查找排序、标度变换、函数逼近和频谱分析等。

3. 自动误差修正功能

通常，许多传感元件的固有特性是非线性的，且易受环境温度、压力等参数影响，从而给电子测量仪器的测量结果带来了一定误差。

对于智能仪器而言，只要能掌握这些传感元件的误差规律，就可以通过软件对测量结果进行误差修正，从而提高测量精度。

智能仪器中常见的自动误差修正功能有：测温元件非线性校正、热电偶冷端温度补偿、气体流量温度压力补偿等。

4. 友好人机对话功能

智能仪器使用键盘代替了传统电子测量仪器中的切换开关，操作人员只需通过键盘输入命令就能实现测量操作，具有友好人机对话功能。

与此同时，智能仪器还可以通过显示屏将仪器的运行情况、工作状态以及对测量数据的处理结果及时告诉操作人员，使仪器的操作更加方便、直观，智能仪器人机对话系统结构框图如图 8-5 所示。

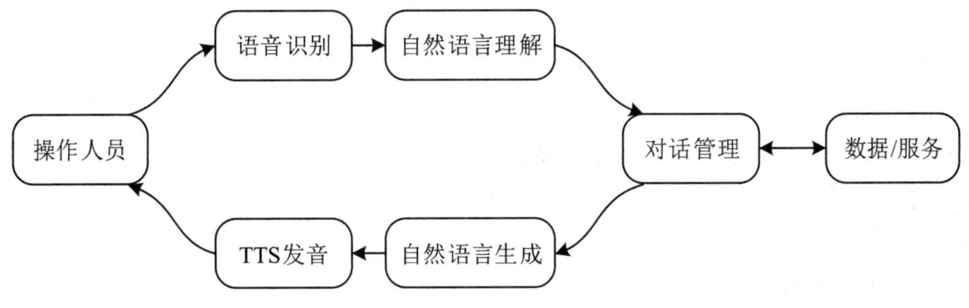

图 8-5　智能仪器人机对话系统结构框图

8.2　智能仪器基本结构及工作原理

8.2.1　基本硬件结构

智能仪器主要是指采用了微处理器或单片机所开发的电子测量仪器。

从智能仪器的角度看，微处理器或单片机包含于电子测量仪器中，它们及其部件是智能仪器的一个组成部分。

从微机系统的角度看，信号采集电路、通信接口等与键盘及显示器等部件一样，可看作是微处理器的外围设备。

因此，智能仪器实际上是一个专用的微型计算机系统，它主要由硬件平台和应用软件两大部分组成。

1. 硬件平台

智能仪器主要以微处理器为核心，通过总线及接口电路与输入输出信号、人机交互设备等进行通信，完成数据采集、存储、分析、处理、显示、通信等工作。

智能仪器硬件平台主要包括主控电路、输入输出电路、外设接口电路、人机交互设备等，其硬件平台基本结构如图 8-6 所示。

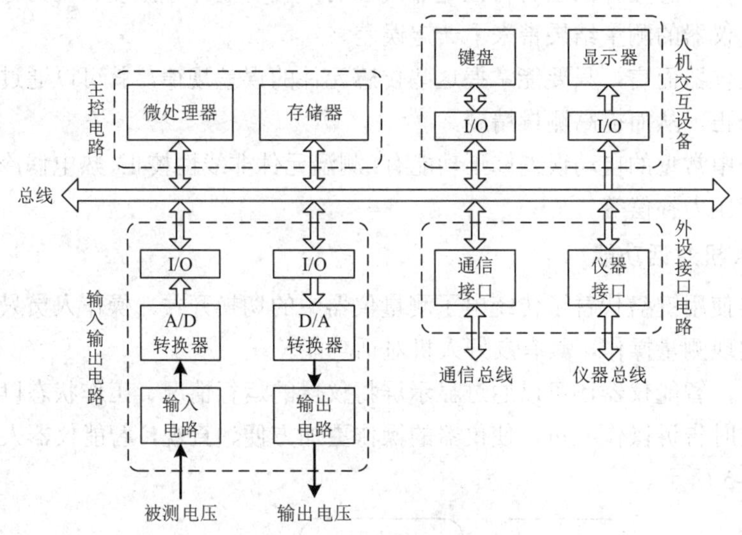

图 8-6　智能仪器硬件平台基本结构

1) 主控电路

主控电路主要由微处理器、程序和数据存储器、输入输出接口电路等组成，或者其本身就是一个单片微型计算机，主要用来存储程序、数据，并进行测试过程控制和数据分析处理以及结果输出。

2) 输入输出电路

输入输出电路主要包括输入电路和输出电路两部分。

(1) 输入电路。输入电路通常由 A/D 转换器构成，主要用来将被测模拟信号(如模拟电压等)通过 A/D 转换器转换成数字信号，以便后续进行数据分析和存储。通常输入电路的性能决定了整个仪器的采样速率。

(2) 输出电路。输出电路通常由 D/A 转换器构成，主要用来输出测量结果。如果要求数字量输出，则直接输出即可；如果要求模拟量输出，则需要通过 D/A 转换器转换后再输出。

3) 外设接口电路

外设接口电路主要包括通信接口电路和仪器接口电路两部分。

(1) 通信接口电路。通信接口电路主要用于和常见的通信总线进行通信，如 RS-232、USB 等。

(2) 仪器接口电路。仪器接口电路主要用于和常见的仪器总线进行通信，如 GPIB(IEEE-488)总线、VXI 总线、PXI 总线等。

4) 人机交互设备

人机交互设备主要由仪器面板中的键盘、开关、按钮及显示器等构成，主要用于实现操作者与仪器之间的人机交互，其中键盘是在微处理器管理和控制下工作的，通过键盘操作者可以对仪器进行各种设置和操作，是最常见的人机交互设备。

2. 应用软件

智能仪器的应用软件部分主要包括仪器监控程序和接口管理程序两部分。

1) 仪器监控程序

仪器监控程序主要用于对智能仪器面板上的键盘、按键、旋钮及显示器等操作和设置进行实时监控和响应，其内容主要包括：

(1) 通过监控键盘操作，输入并存储用户所设置的功能、操作方式与工作参数。

(2) 通过控制输入输出接口电路，对数据采集参数进行预定设置，完成数据采集。

(3) 通过监控用户操作，对数据存储器所记录数据进行各种分析和处理。

(4) 通过监控用户操作，以数字、字符、图形等形式显示各种状态信息以及测量数据处理结果。

2) 接口管理程序

接口管理程序主要用于对智能仪器的通信接口和仪器接口进行管理和控制，其主要工作是对各类通信接口总线及仪器接口总线进行设置和控制。

(1) 通过通信接口输出智能仪器实时工作状态及测量数据处理结果，以响应计算机远程控制命令。

(2) 通过仪器接口接收其他仪器设备对其进行管理和操作，以实现与其他仪器设备的网络连接。

8.2.2　基本工作原理

智能仪器基本工作原理是首先对被测信号进行数据采集，然后对采集到的数据信息进行处理和存储，之后按照用户要求对数据处理结果进行显示，最后如有需要还可以对数据处理结果进行输出，具体说明如下。

1. 数据采集

输入电路对外部被测信号(即输入信号)进行变换、放大、整形和补偿等处理，然后再经 A/D 转换器对其进行数据采集，得到数字信号，并存储于微处理器数据存储器中。

2. 数据处理

微处理器对采集到的数字信号进行处理，具体包括数据分析、数据运算等，以便获得所需的数据处理结果，并将处理结果存入数据存储器中。

3. 数据显示

按照用户需求将数据处理结果进行显示，具体包括数据显示、图表显示等，或通过打印机接口发送至打印机打印输出。

4. 数据输出

如有需要还可将处理结果经 D/A 转换器转换成模拟量信号输出，并经过驱动与执行电路去控制被控对象，也可以通过通信接口(例如 RS-232、GPIB 等)实现与其他智能仪器的数据通信，完成更复杂的测量与控制任务。

智能仪器基本工作原理如图 8-7 所示。

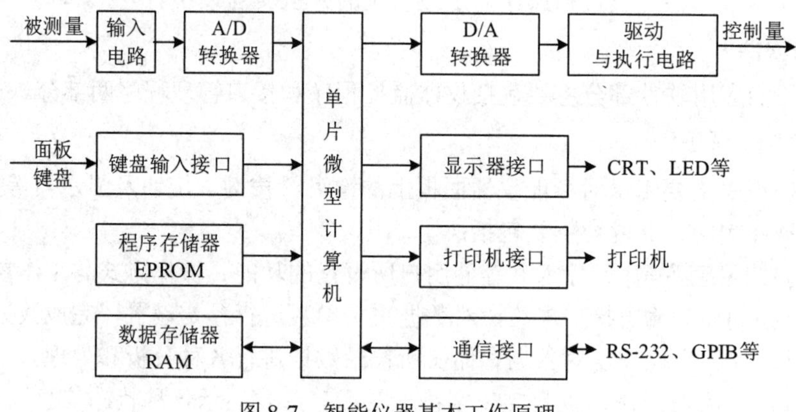

图 8-7　智能仪器基本工作原理

8.3　智能仪器研制方法

智能仪器研制过程较为复杂，为了实现智能仪器测量功能、满足智能仪器技术指标、提高智能仪器研制效率，应遵循正确的设计原则和科学的研制步骤来研制智能仪器。

通常，智能仪器研制需要对总体需求分析、基本设计要求和基本设计原则等方面内容进行分析，以便进行总体设计，避免后续出现颠覆性错误。

8.3.1　总体需求分析

智能仪器研制首先要进行总体需求分析，具体包括以下几方面内容。

1. 设计目的

对智能仪器主要设计目的进行分析，为后续设计、开发提供需求支持。

2. 采样策略

对智能仪器采样策略进行分析，以便采用合适的数据采集方式进行数据采集。

3. 形式要求

对智能仪器的输入、输出、幅值、记录时间、记录方式、测量精度、数据形式(模拟、数字、数值、图形)等进行分析，为后续开发提供依据。

4. 环境适应性要求

对智能仪器所需要适应的环境要求进行分析，具体包括温度、湿度、振动强度等。

5. 模拟电路要求

对模拟电路设计所采用的放大器类型，如电压放大器、电桥放大器、电荷放大器、滤波器等，以及信噪比要求、所需供电要求等进行分析。

6. 数字电路要求

对数字电路设计所采用的模/数转换器性能(逐次逼近、直接比较、双积分等)、存储器容量、为实现采样策略而必须具备的控制功能、数据传输方式(并行、串行)等进行分析。

7. 外形要求

对智能仪器外形要求进行分析，具体包括产品外形、几何尺寸等。

8. 供电要求

对智能仪器供电要求进行分析，具体包括供电功率、供电标准等。

8.3.2　基本设计要求

智能仪器研制要满足一定的基本设计要求，以确保研制工作满足用户需求。

智能仪器的基本设计要求主要有：主要功能要求、主要技术指标要求、可靠性要求等，具体说明如下。

1. 主要功能要求

智能仪器主要功能要求包括输入/输出、人机对话、操作界面、报警提示、自动校准等。

2. 主要技术指标要求

智能仪器主要技术指标要求包括测量精度、测量范围、工作环境、稳定性等。

3. 可靠性要求

可靠性要求是智能仪器设计的重要内容，智能仪器能否正常可靠地工作，将直接影响到测量结果的正确与否，应采取各种措施提高仪器的可靠性，从而保证仪器能长时间稳定工作。

4. 操作和维护要求

(1) 智能仪器应具备方便的可操作性。要降低对操作人员专业知识的要求，以便产品推广应用。智能仪器控制开关或按钮不能过多、过复杂，操作程序应简单明了，从而无须操作者进行专门训练就能掌握智能仪器使用方法。

(2) 智能仪器应具备良好的可维护性。要规范化、模块化设计智能仪器，并配有现场故障诊断程序，一旦发生故障，能保证有效地对故障进行定位，以便更换相应模块，使智能仪器尽快恢复正常运行。

5. 工艺结构与造型设计要求

(1) 智能仪器结构工艺是影响其可靠性的重要因素，要依据智能仪器工作环境来确定是否需要防水、防尘、防爆等要求，是否需要抗冲击、抗振动、抗腐蚀等要求来设计工艺结构。

(2) 智能仪器造型设计也极为重要。总体结构的安排、部件间的连接关系、操作面板的美化等都必须认真考虑，建议由结构专业人员设计，使产品造型优美、色泽柔和、外廓整齐。

8.3.3 基本设计原则

在进行智能仪器设计时，需要按照一定的原则进行设计，以保证设计工作顺利进行。

智能仪器的基本设计原则主要有：自顶向下设计原则、开放系统设计原则、组合化设计原则等，具体说明如下。

1. 自顶向下设计原则

首先，设计人员根据智能仪器设计基本要求提出智能仪器设计总任务，并进行智能仪器总体设计，包括硬件和软件两个主要部分。

其次，设计人员将智能仪器总体设计任务分解成一批可独立表征的子任务，这些子任务还可以再向下分，直到每个低级子任务足够简单，可以直接而且容易地实现为止。

最后，设计人员对设计出来的最低级子任务进行设计和开发，通常采用现有通用模块并作为独立部件来进行设计和开发，从而以最低难度和最高可靠性来完成子任务开发。

说明：在硬件开发或软件设计时，通常需要把复杂任务分为若干个较简单的、容易处理的任务，然后再一个个地加以解决，最后通过总体集成和调试完善来完成复杂任务的开发研制。

2. 开放系统设计原则

(1) 开放系统的设计思想

在技术上，既采用当前主流技术方案，同时又为未来新技术方案的应用留有余地。在供应链上，向不同档次的部件供应商开放，激发配套部件供应商的参与性和积极性。在用户需求上，向用户不断变化的特殊要求开放，兼顾用户通用需求和部分专用需求。

(2) 开放系统的设计方法

首先，对智能仪器进行总体设计，确定总体结构，选择标准配件。

其次，按照总体需求，选用国际上现有成熟的硬件平台和软件开发环境，并选用现有功能模块，通过总体集成和调试完善，完成最终产品开发。

最后，对于产品开发中部分配件没有现成配件的问题，通常采用向供应商进行配件定制的方法予以解决，而不要自己动手开发，就将主要精力放在系统总体集成和测试验证上。

3. 组合化设计原则

(1) 组合化的设计思想。

基于计算机技术的开放式体系结构和总线技术发展，导致了基于计算机技术的智能仪器开发采用组合化设计方法成为主流，针对不同用户需求，通过选用成熟的现有硬件电路模块和软件功能模块，通过总体集成便可完成产品开发，有效提高了产品开发周期、降低了产品开发成本、确保了产品开发质量。

组合化设计的基础是配件模块化，硬件电路模块化和软件功能模块化是实现产品组合化设计的关键。

(2) 组合化的设计方法。

首先，将系统划分成若干硬件、软件模块，由专门生产厂家进行设计、开发。其次，将各功能模块进行总体集成，然后进行测试验证和修改完善，最终完成系统开发。

(3) 组合化的设计优点。

开发周期短：通过总体集成进行系统开发，省去了功能模块开发时间，缩短了开发周期。

开发成本低：通过批量生产功能模块，有效降低了开发成本。

质量有保障：通过批量生产功能模块，有效提高了产品质量。

系统开放性好：各功能模块相对独立，便于不同厂家功能模块替换使用，系统开放性好。

系统维修方便：各功能模块更换方便，便于进行系统故障排查和维修，系统维修方便。

本章总结

本章首先介绍了智能仪器的研制背景、发展历程、发展趋势及主要功能；然后详细分析了智能仪器的基本结构及工作原理；最后介绍了智能仪器的研制方法。

本章对智能仪器基础知识进行了系统介绍，为后续各类智能仪器的设计、开发、操作、应用奠定了技术基础。

课后习题

1. 选择题(单项选择题)

(1) 智能仪器是在那种仪器的基础上发展而来的_____。

A. 模拟仪器　B. 传感器件　C. 数字仪器　D. 虚拟仪器

(2) 下列不属于智能仪器常见功能的是_____。

A. 数据存储功能　B. 指针显示功能　C. 逻辑判断功能　D. 数据运算功能

(3) 通常，智能仪器的核心部件是_____。

A. 电压放大器　B. 电压比较器　C. A/D 转换器　D. 微处理器或单片机

(4) 下列不属于智能仪器未来主要发展趋势的是_____。

A. 微型化　B. 智能化　C. 数字化　D. 虚拟化

2. 判断题(正确的在后面括号内打√、错误的打×)

(1) 智能仪器是在模拟仪器的基础上发展而来的一类电子测量仪器。 (　　)

(2) 智能仪器的核心部件是微处理器或单片机。 (　　)

(3) 相比较于数字仪器，智能仪器具有一定的智能功能。 (　　)

(4) 20 世纪初正处于智能仪器的主要发展阶段。 (　　)

3. 简答题

(1) 什么是智能仪器?

(2) 智能仪器与模拟仪器和数字仪器相比较有何不同?

(3) 智能仪器的基本结构是什么?

(4) 智能仪器的基本工作原理是什么?

(5) 智能仪器的基本研制方法是什么?

第 9 章　虚 拟 仪 器

对于常见的各类电子测量仪器，通常可将其划分成三个主要功能模块，即信号采集、信号处理、结果显示。在模拟仪器、数字仪器以及智能仪器阶段，上述三个功能模块都是由硬件电路和固化软件而实现的。

随着科技的迅速发展，20 世纪 80 年代以来对各类大规模、自动化、智能化电子测量系统的需求愈发迫切，在通用计算机技术、智能仪器技术、通信技术等的基础上出现了一类新型测试仪器，即虚拟仪器。

虚拟仪器是将电子测量仪器的信号采集部分由仪器模块完成，而信号处理和结果显示部分则由通用计算机系统完成，开创了一种全新的电子测量仪器。

有关电子测量仪器技术演化过程，如图 9-1 所示。

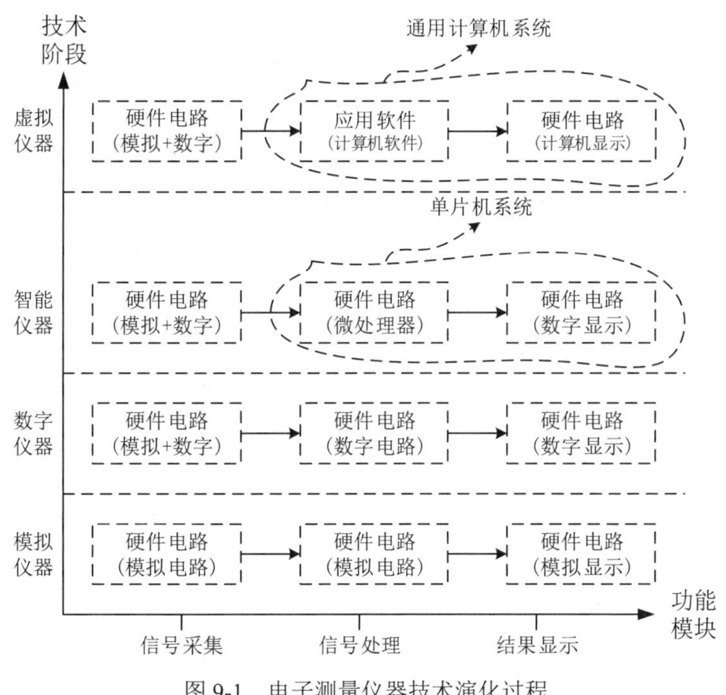

图 9-1　电子测量仪器技术演化过程

9.1　虚拟仪器概述

早在 20 世纪 70 年代就已提出虚拟仪器技术的概念，但真正得以实现则是在 GPIB、

VXI、PXI 等总线标准出现之后，并随着 GPIB 总线仪器、VXI 总线仪器、PXI 总线仪器等的推广而得到迅速发展。

虚拟仪器实质上是一种可自定义仪器平台，而非一种具体的测量仪器。换言之，虚拟仪器可以有各种各样的形式，其形式完全取决于实际的物理系统和构成仪器数据采集单元的硬件类型，但是有一点是相同的，那就是虚拟仪器离不开计算机控制，软件是虚拟仪器的核心。

虚拟仪器通常由仪器硬件模块、通用计算机和应用软件三部分构成。

(1) 仪器硬件模块：获取被测信号，产生激励信号等。

(2) 通用计算机：提供虚拟仪器通用平台，完成数据存储、显示等。

(3) 应用软件：控制被测信号采集、处理和显示，是虚拟仪器核心部分。

与技术最为先进的智能仪器相比，虚拟仪器通常具有如表 9-1 所示特点。

表 9-1　虚拟仪器与智能仪器比较一览表

项　目	智 能 仪 器	虚 拟 仪 器
仪器定义	厂商定义仪器功能	用户定义仪器功能
开放性	系统封闭、固定	系统开放、灵活
技术更新	慢(5～10 年)	快(1～2 年)
性价比	价格高	价格低
开发维护费	开发维护费用高	开发维护费用低
关键部件	硬件是关键	软件是关键
功能设定	仪器功能、规模均已固定	系统功能和规模可通过软件修改和增减
设备连接	不易与其他设备连接	容易与其他设备连接
集成度	集成度低	集成度高，可形成仪器库
处理能力	数据分析处理能力弱	具有强大的数据处理能力
存储能力	数据存储能力弱，部分仪器没有	仪器具有很强的数据存储能力

9.1.1　发展历程

随着计算机技术、总线技术、通信技术的不断发展，虚拟仪器技术的发展也经历了五个阶段，具体说明如下。

1. 第一阶段：基于 PC 总线的虚拟仪器

基于 PC 总线的虚拟仪器是伴随着计算机板卡而出现的最早一类虚拟仪器，是虚拟仪器概念的雏形。

基于 PC 总线的虚拟仪器主要利用计算机 PC 总线(ISA、EISA、PCI 等)，通过插卡式数据采集卡将被测数据采集到计算机中，然后由计算机对采集到的数据进行存储、分析和处理，最后进行输出和显示。

基于 PC 总线的虚拟仪器系统如图 9-2 所示。

(a) 基于 PCI 总线接口的数据采集卡

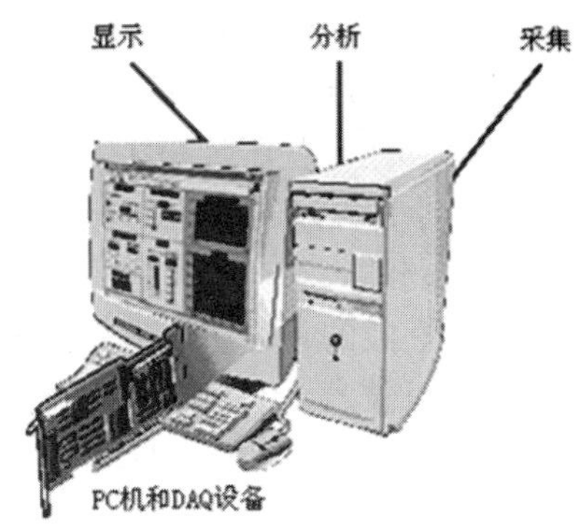

(b) 基于 PCI 数据采集卡的虚拟仪器系统

图 9-2 基于 PC 总线的虚拟仪器系统

2. 第二阶段：基于 GPIB 总线的虚拟仪器

20 世纪 70 年代初，美国惠普公司开发了一种国际通用计算机与测试仪器、外围设备之间数字接口的总线标准——GPIB 总线标准。

GPIB 总线标准主要技术规范是：

(1) 按位并行、字节串行方式传送数据；

(2) 传输速率可达 1 MB/s；

(3) 驱动仪器设备数量最多可达 14 台；

(4) 传输距离通常不超过 20 m，若采用长线驱动器，传输距离可达 500 m；

(5) 传输线有 8 条数据线、3 条通信联络线及 5 条接口管理线。

基于 GPIB 总线的虚拟仪器就是利用 GPIB 总线标准的通信功能，在具有 GPIB 总线接口仪器与计算机之间进行数据通信，从而利用计算机强大的硬件资源和软件资源进行自动化测试系统的设计开发。

起初，国际主要仪器厂商，如美国惠普公司、美国泰克公司等，将大量电子测量仪器改造成带有 GPIB 接口的电子测量仪器，以便与计算机进行通信。

后来，这些仪器厂商又将这些仪器做成一定尺寸的插件板，通过 GPIB 总线接口，直接用计算机显示器作为仪器显示面板，并通过开发相应仪器的计算机驱动程序直接对其进行控制，这样就可以在一台计算机上安装多块仪器插件板，最多可达 14 块仪器插件板，同时对多块仪器插件板进行操作。

基于 GPIB 总线的虚拟仪器系统如图 9-3 所示。

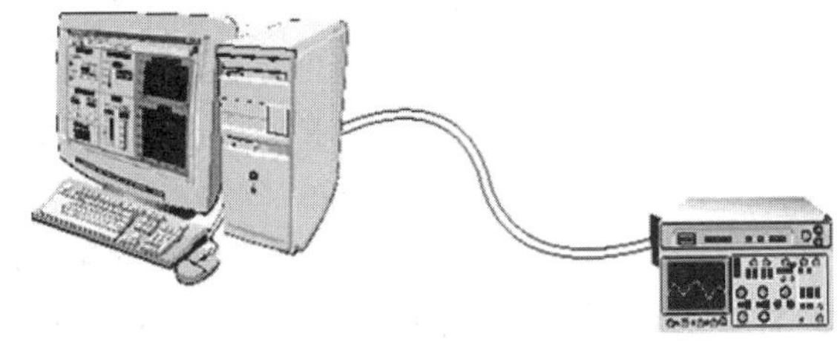

(a) 早期 GPIB 总线虚拟仪器

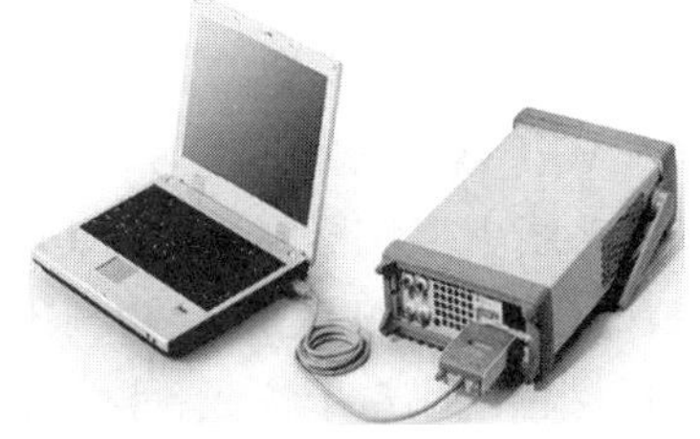

(b) 后期 GPIB 总线虚拟仪器

图 9-3 基于 GPIB 总线的虚拟仪器系统

3. 第三阶段：基于 VXI 总线的虚拟仪器

在感叹基于 GPIB 总线的虚拟仪器使用方便、操作便捷、易于升级、降低成本的同时，人们也发现其存在一些不足和缺陷，主要表现在这几个方面：硬件设计没有统一规范；底层驱动程序没有统一标准；GPIB 总线速度越来越跟不上科技发展需求。

这些新问题的出现促使国际主要仪器厂商和研究机构进一步从各个方面来寻求改进和提高卡式仪器性能的新方法，于是就出现了 VXI、PXI 等总线形式的虚拟仪器。

随着计算机技术、通信技术、智能仪器技术等的发展，以及各种总线标准和软件规范的推出，20 世纪 80 年代中后期，VXI 总线虚拟仪器应运而生了。

VXI 总线虚拟仪器是在 GPIB 总线、VME 总线以及欧式板(Eurocard)标准的基础上，由美国的 Colorado Data Systems、Hewlett-Packard、Racal-Dana、Tektronix 和 Wavetek 五家公司联合开发的开放式、模块化仪器总线标准。

VXI 总线技术的出现是测控领域的又一次发展和变革，它对传统电子测量仪器无论从性能、速度、体积、使用便捷程度、升级容易程度以及人们在对仪器的认识观念上，都进行了改革和创新。

VXI 总线技术代表了 21 世纪测控技术发展的新方向，并由此推动了虚拟仪器、软件就是仪器，网络就是仪器等概念的发展。

VXI 总线测试系统很好地实现了虚拟仪器概念，对推动虚拟仪器发展起着巨大作用。常见的基于 VXI 总线的虚拟仪器系统如图 9-4 所示。

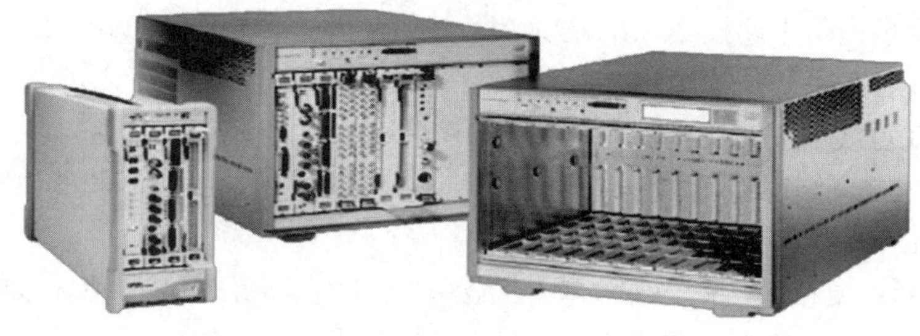

图 9-4　基于 VXI 总线的虚拟仪器系统

4. 第四阶段：基于 PXI 总线的虚拟仪器

VXI 总线虚拟仪器性能优良、构建方便、升级便捷、使用方便，但其性能价格比不高，这一点限制了不少用户。

鉴于上述不足，美国国家仪器公司(National Instruments，NI)于 1997 年推出了 PXI 总线虚拟仪器技术规范，1998 年成立了 PXI 系统联盟，着力推出 PXI 总线虚拟仪器。

PXI 总线虚拟仪器具有 VXI 总线虚拟仪器各种特点，同时兼容性更强，包括 GPIB 总线仪器、VXI 总线仪器等，其优点是性价比高，可满足广大用户需求，发展潜力巨大。

PXI 总线虚拟仪器的核心是 Compact PCI 模块结构和 MS Windows 软件。它直接采用当今主流计算机上的 PCI 总线，在保留 PCI 总线与 Compact PCI 模块结构所有优越性能(如优良的机械性能、易于集成、比台式机具有更多扩展槽等)的同时，在机械、电气和软件编程等方面增加了测试仪器所特别需要的功能，加上人们对台式计算机的熟悉，从而使 PXI 总线虚拟仪器很快成为主流。常见的基于 PXI 总线的虚拟仪器系统如图 9-5 所示。

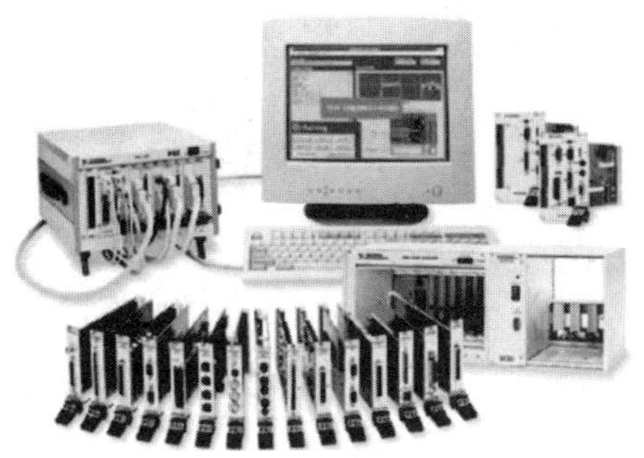

图 9-5 基于 PXI 总线的虚拟仪器系统

5. 第五阶段：基于 LXI 总线的虚拟仪器

2004 年 9 月，以美国安捷伦公司为首成立了 LXI 总线联合体，2005 年发布了 LXI 标准 1.0 版本，并推出第一批 LXI 总线仪器模块。

LXI(LAN eXtension for Instrumentation)是一种基于局域网的模块化测试平台标准，它融合了 GPIB 仪器的高性能，VXI、PXI 仪器的小体积以及 LAN 的高吞吐率，并考虑定时、触发、冷却、电磁兼容等电子测量仪器要求，来组建一种灵活、高效、可靠、模块化的测试平台。常见的基于 LXI 总线的虚拟仪器系统如图 9-6 所示。

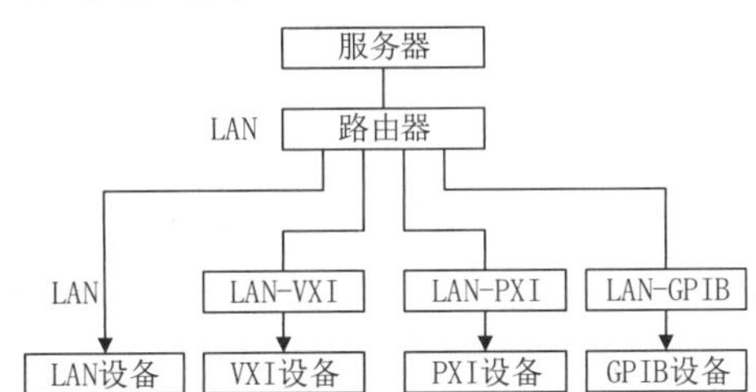

(a) LXI 总线虚拟仪器系统组成示意图

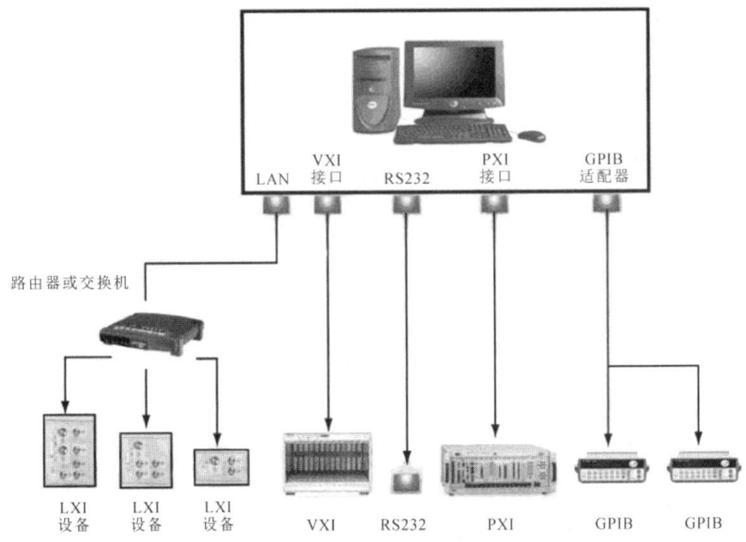

(b) LXI 总线虚拟仪器系统组成实物图

图 9-6 基于 LXI 总线的虚拟仪器系统

基于虚拟仪器的电子测量仪器硬件平台构架如图 9-7 所示。

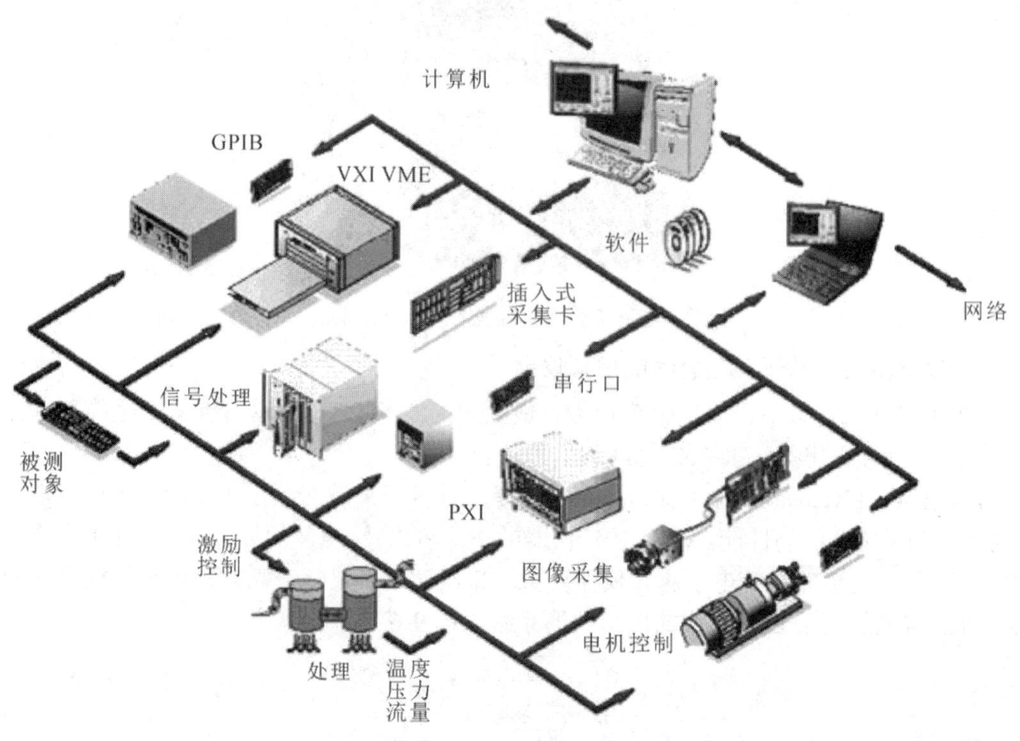

图 9-7　基于虚拟仪器的电子测量仪器硬件平台构架示意图

未来，随着计算机软硬件技术、通信技术、网络技术等的高速发展和日趋成熟，电子测量技术的发展方向将是：测试系统的自动化、软件化、网络化、共享化；用户自主性大大加强；测试系统构建成本大大降低、使用更加方便、维护更加容易。

9.1.2　主要类型

通常，虚拟仪器可分为以下五种类型。

1. PC 总线虚拟仪器

PC 总线虚拟仪器主要利用各种 PC 总线标准，实现计算机系统与电子测量仪器之间的信息通信，是最早出现的一类虚拟仪器。

2. GPIB 总线虚拟仪器

GPIB 总线虚拟仪器采用 GPIB 总线标准，实现计算机系统对电子测量仪器的操作和控制，对虚拟仪器概念进行了良好展示。

3. VXI 总线虚拟仪器

VXI 总线虚拟仪器采用 VXI 总线标准，实现计算机系统对电子测量仪器的操作和控制，具有标准开放、结构紧凑、数据吞吐能力强、定时和同步准确、模块可重复利用等特点，是虚拟仪器技术发展的重要阶段。

4. PXI 总线虚拟仪器

PXI 总线虚拟仪器采用 PXI 总线标准，实现计算机系统对电子测量仪器的操作和控制，与 VXI 总线虚拟仪器相比大幅降低了成本，是虚拟仪器技术发展的成熟阶段。

5. LXI 总线虚拟仪器

LXI 总线虚拟仪器采用 LXI 总线标准，实现通过网络对电子测量仪器进行远程操作和控制，是虚拟仪器未来的发展方向。

9.1.3 主要用途

虚拟仪器具有性能高、扩展性强、开发时间短、系统集成方便等优势，从简单的数据采集、仪器控制到尖端的自动化测试，从科研到生产，从应用到研发，虚拟仪器都能派上用场。

目前，虚拟仪器技术广泛应用于科研、生产等各个领域，尤其在测试与测量和工业自动化这两大领域，虚拟仪器技术应用极其广泛。

(1) 测试与测量：用于计算机、通信、半导体、汽车等产业。

(2) 工业自动化：用于石油化工、加工制造、医药生产等产业。

9.1.4 典型产品

1. VXI 总线虚拟仪器

1) 概述

VXI (VME bus eXtension for Instrumentation)总线是 VME 总线在仪器领域的扩展，是 1987 年在 VME 总线、Eurocard 标准(机械结构标准)和 IEEE 488 总线标准等基础上由美国主要仪器制造厂商共同制定的开放性仪器总线标准。

基于 VXI 总线标准所构建的虚拟仪器系统称为 VXI 总线虚拟仪器。

VXI 总线虚拟仪器最多可包含 256 个模块，由主机箱、0 槽控制器、各种功能仪器模块和驱动软件、系统应用软件等组成。VXI 总线虚拟仪器中的各个功能模块可以随意更换，即插即用，可以灵活重组为各种新的测试系统。

2) 发展历程

1979 年，美国摩托罗拉公司推出了一个面向 68000 微处理器的 VERSA 总线，同时推出了一种被称为 Eurocard(IEC297-3)的印刷电路板标准。

1981 年 10 月，美国摩托罗拉、莫斯特克和西格尼蒂克三家公司宣布共同支持基于 VERSA 总线和 Eurocard 尺寸标准的系列板卡，这就是著名的 VME 总线。

1987 年，VME 总线被 IEEE 正式接受为万用背板总线(Versatile Backplane Bus)标准，即 VME 总线(ANSI/IEEE 1014–1987)。

1987 年 7 月，美国科罗拉多数据系统(Colorado Data System)、惠普、雷卡达那、泰克和威尔泰克五家著名仪器公司共同制定了 VXI 总线规范。

1993 年 9 月，VXI plug&play 联盟成立，这是 VXI 总线虚拟仪器发展道路上的一个里程碑，该联盟对 VXI 总线模块软件作了进一步标准化，从而保证不同厂家生产的仪器模块可以很容易地应用于同一个测试系统。

国际上现有两个 VXI 总线组织，它们是 VXI 总线联合体和 VPP 系统联盟。前者主要职能是负责 VXI 总线硬件(仪器级)标准规范制定；后者主要职能是通过制定一系列 VXI 总线软件(系统级)标准来提供一个开放的系统结构，使其更容易集成和使用，VXI 总线标准体系就是由这两套标准构成的。

VXI 总线规范版本如表 9-2 所示。

表 9-2　VXI 总线规范版本一览表

版　本	日　期
0.0	1987.7.9
1.0	1987.8.24
1.1	1987.10.7
1.2	1988.6.21
1.3	1989.7.14
1.4	1992.4.21
IEEE-1155	1993.9.20

3) 系统结构

VXI 总线虚拟仪器硬件基本结构如图 9-8 所示，由主控计算机、VXI 机箱、仪器模块等构成。

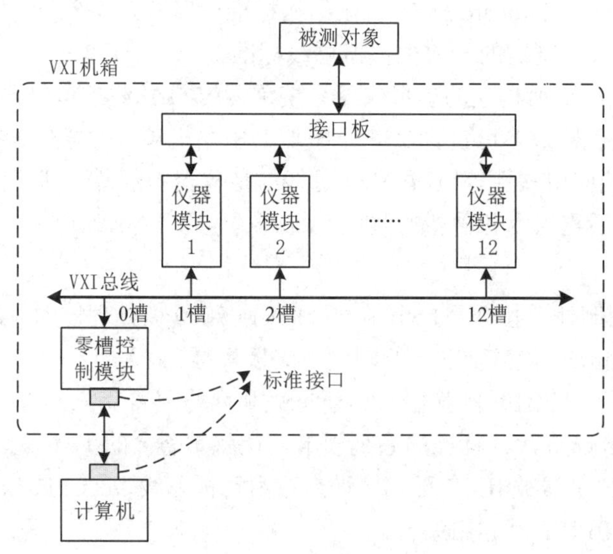

图 9-8　VXI 总线虚拟仪器硬件基本结构

计算机通常由通用计算机或专用计算机构成，用于对 VXI 总线仪器模块进行仪器控制和数据显示等。

VXI 机箱通常由插槽、底板、冷却设备等构成，用于插入符合 VXI 总线标准的仪器模块，构建 VXI 总线虚拟仪器硬件系统。

(1) VXI 机箱(C 尺寸)通常有 13 个插槽，面对插入方向从左至右其编号依次为 0 到 12，0 号插槽只能用于插入零槽控制模块。

(2) 底板是一块印刷电路板，其上印有 96 脚 J 型连接器和信号通路，用于接插 VXI 总线仪器模块。

(3) 冷却设备通常由风扇构成，用于给仪器模块通风降温。

仪器模块是带有 VXI 总线接口的各类仪器模块，可方便地插入 VXI 机箱插槽中，实现各种测量功能。

2. PXI 总线虚拟仪器

1) 概述

PXI 总线是 PCI bus eXtensions for Instrumentation 的缩写，即 PCI 总线在仪器领域的扩展。

基于 PXI 总线标准所构建的虚拟仪器系统称为 PXI 总线虚拟仪器。

2) 发展历程

1997 年，美国国家仪器公司推出了 PXI 总线标准，并成立了 PXI 系统联盟。

目前，已有 60 个厂家加入 PXI 系统联盟，拥有超过 100 个产品供应商，全球大约有 1000 种 PXI 总线虚拟仪器产品。

PXI 总线虚拟仪器具有成本低、品种全、集成方便、兼容性好等优点，是虚拟仪器未来领军者。

3) 系统结构

PXI 总线虚拟仪器硬件基本结构与 VXI 总线虚拟仪器硬件基本结构相同，也是由主控计算机、VXI 机箱、仪器模块等构成，具体可参考图 9-7，这里不再一一赘述。

9.2　虚拟仪器平台架构

虚拟仪器是由通用计算机、仪器硬件模块和专用测试软件构成，以计算机为核心，充分利用计算机强大的数据处理能力和图形显示能力，建立定制化虚拟仪器面板，实现对测量数据的分析和显示，形成既有普通仪器功能，又有一般仪器所没有的特殊功能的新型测试仪器。

虚拟仪器通常按照硬件平台和软件平台两部分构建，具体说明如下。

9.2.1　硬件平台基本构成

虚拟仪器硬件平台通常由计算机硬件平台和通用仪器硬件平台两部分构成，具体如图 9-9 所示。

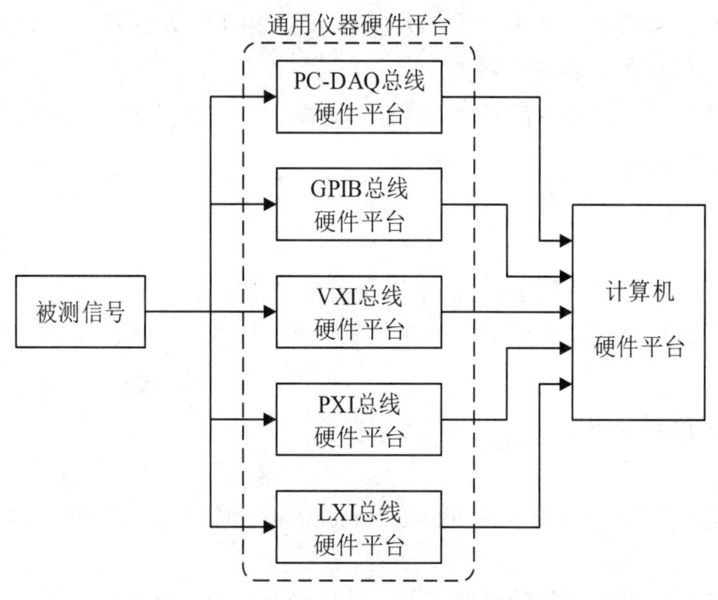

图 9-9　虚拟仪器硬件平台组成框图

1. 计算机硬件平台

计算机硬件平台可以由各种类型计算机构成，如台式计算机、便携式计算机、工作站、嵌入式计算机等。

计算机管理着虚拟仪器软件资源，是虚拟仪器的核心。因此，计算机技术在显示方式、存储能力、处理器性能、总线标准等方面的发展，促进了虚拟仪器技术的快速发展。

2. 通用仪器硬件平台

通用仪器硬件平台可以由基于各种标准总线的仪器模块构成，如计算机总线硬件平台(PC-DAQ 总线硬件平台)、GPIB 总线硬件平台、VXI 总线硬件平台、PXI 总线硬件平台、LXI 总线硬件平台等。

通用仪器硬件平台主要完成对被测信号的处理、采集等工作，然后将采集数据发送给计算机系统进行后续处理。

(1) PC-DAQ 总线硬件平台：以基于 PC 总线的数据采集卡构建的硬件平台，是最简单的一类虚拟仪器硬件平台。

(2) GPIB 总线硬件平台：以 GPIB 标准总线仪器模块构建的虚拟仪器硬件平台。

(3) VXI 总线硬件平台：以 VXI 标准总线仪器模块构建的虚拟仪器硬件平台。

(4) PXI 总线硬件平台：以 PXI 标准总线仪器模块构建的虚拟仪器硬件平台。

(5) LXI 总线硬件平台：以 LXI 标准总线仪器模块构建的虚拟仪器硬件平台。

9.2.2　软件平台基本架构

虚拟仪器软件平台通常由虚拟仪器操作系统、虚拟仪器驱动程序、虚拟仪器应用程序三部分构成，具体如图 9-10 所示。

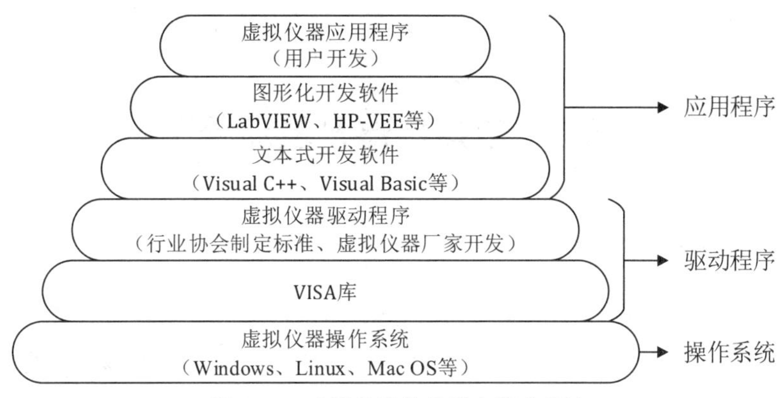

图 9-10　虚拟仪器软件平台基本架构

1. 虚拟仪器操作系统

虚拟仪器操作系统用于运行开发好的虚拟仪器应用程序，属于虚拟仪器计算机操作系统。目前，常用的虚拟仪器操作系统有 Windows、Linux、Mac OS 等。

2. 虚拟仪器驱动程序

虚拟仪器驱动程序用于控制各种仪器模块硬件接口，完成对特定外部硬件设备的管理和控制，是连接虚拟仪器应用程序与外围硬件模块的桥梁，为虚拟仪器应用程序开发提供驱动函数支持。

虚拟仪器驱动程序通常是由虚拟仪器生产厂家开发，提供给用户开发虚拟仪器应用程序之用。目前，常见的虚拟仪器驱动程序开发方式是利用 VISA 库进行开发，以保证行业规范和兼容性。

虚拟仪器软件体系结构(Virtual Instrumentation Software Architecture，VISA)是虚拟仪器标准 I/O 函数库及其相关规范的总称，通常称其为 VISA 库。它驻留于计算机系统中执行仪器总线的特殊功能，是计算机与仪器之间的软件层连接，以实现对仪器的程控。它对于仪器驱动程序开发者来说是一个个可调用的操作函数集。

虚拟仪器驱动程序是完成对某一特定仪器控制与通信的软件程序集。它是虚拟仪器应用程序实现仪器控制的桥梁。每个仪器模块都有自己的虚拟仪器驱动程序，虚拟仪器厂商以源码的形式提供给用户。

虚拟仪器应用程序则建立在虚拟仪器驱动程序之上，直接面对操作用户，通过提供直观友好的测控操作界面、丰富的数据分析处理功能来完成测试任务。

3. 虚拟仪器应用程序

虚拟仪器应用程序主要用于实现对测试过程的管理和控制，也是用户进行测试的操作平台。虚拟仪器应用程序通常包括实现仪器功能的测试程序部分和实现虚拟面板的界面程序部分，用户通过虚拟面板与虚拟仪器进行人机交互操作。

虚拟仪器应用程序通常是利用开发软件由用户自行开发或定制开发，开发完成后直接在虚拟仪器操作系统上运行使用。

目前，常见的虚拟仪器应用程序开发软件有文本式开发软件和图形化开发软件两大类。其中：文本式开发软件主要有 Visual C++、Visual Basic 等，图形化开发软件主要有 LabVIEW、LabWindows/CVI(半文本式、半图形化开发软件)、HP-VEE 等，这些开发软件为用户设计虚拟仪器应用程序提供了最大限度的便利条件与良好的开发环境。

9.3　虚拟仪器开发流程

9.3.1　测试需求分析

测试需求分析是指明确用户想解决什么问题，即仪器要完成哪些测试项目，以及用户对面板操作上的要求，从而确定面板需要什么控制部件和指示部件，以便进行面板布局设计。

9.3.2　硬件平台构建

虚拟仪器硬件平台主要由计算机硬件平台和通用仪器硬件平台构成，可根据用户需求选用合适的计算机硬件平台和通用仪器硬件平台。

常见的不同总线标准虚拟仪器性能比较如表 9-3 所示，用户需要根据测试功能与性能需求、预算情况等进行合理选择。

表 9-3　常见的不同总线标准虚拟仪器性能比较一览表

特　性	平　台		
	GPIB	PC-DAQ	VXI
传输宽度	8	8、16、32(可拓展至 64)	8、16、32(可拓展至 64)
吞吐率	1 MB/s(3 线) 8 MB/s(HS488)	1～2 MB/s(ISA) 132 MB/s(PCI)	40 MB/s 80 MB/s(VME 64)
定时与控制能力	无	无	8 根 TTL 触发线 2 根 ECL 触发线
面市产品种类	> 10000	> 1000	> 1000
扩展能力	众多接口卡	众多第三方产品	标准 MXI 接口
结构大小	大	小	中

9.3.3　驱动程序开发

虚拟仪器驱动程序是虚拟仪器应用程序开发的基础和关键，是用户完成对通用仪器硬件模块管理和控制的桥梁和纽带。虚拟仪器驱动程序的核心是驱动程序函数集，函数是指组成驱动的模块化子程序。

虚拟仪器驱动程序通常分为两层，底层是实现仪器基本操作，如初始化仪器配置及仪器输入参数、收发数据、查看仪器状态等；高层是应用函数层，它根据具体测量要求调用底层函数实现。

虚拟仪器驱动程序开发通常包括以下几部分内容：函数库、交互式操作接口、编程接口、输入/输出接口、功能库、子程序接口。

通常，虚拟仪器驱动程序是由通用仪器硬件模块生产厂家开发，然后提供给用户开发虚拟仪器应用程序之用，用户一般不开发虚拟仪器驱动程序。

9.3.4　应用程序开发

虚拟仪器应用程序主要用于实现对测试过程的管理和控制，通常是由用户安排专业的虚拟仪器应用程序开发人员利用相关开发软件及配套驱动程序开发而成。

虚拟仪器应用程序开发主要包括软件功能设计和软件面板设计两个方面内容，具体说明如下。

1. 软件功能设计

首先，根据所开发虚拟仪器的功能和性能要求确定软件功能模块，具体包括数据采集模块、数据处理模块、数据显示模块等。

然后，在开发过程中，考虑软件模块的移植性和升级性，这些通常与所选择的开发软件相关，能够满足开发要求。

2. 软件面板设计

软件面板设计是虚拟仪器应用程序设计的重要内容，它就是虚拟仪器的前面板，是用户操作界面，要考虑用户操作和使用的方便和友好。

虚拟仪器应用程序软件面板设计通常要考虑的内容有：软件面板上的字体应根据可移植性和易读性来选择；软件面板上的颜色应根据外观、效果、可移植性及打印要求来选择；软件面板上的控制器和指示器要求易读，能够有效显示最大数值或选项。

9.4　PXI 总线虚拟仪器开发基础

9.4.1　PXI 总线虚拟仪器硬件平台

PXI 总线虚拟仪器硬件平台主要由机箱、控制器、仪器模块等部分组成。

1. 机箱

PXI 机箱具备最新 PXI 规范的所有高性能特性，并能灵活兼容 PXI 和 PXI Express 模块，如图 9-11 所示。

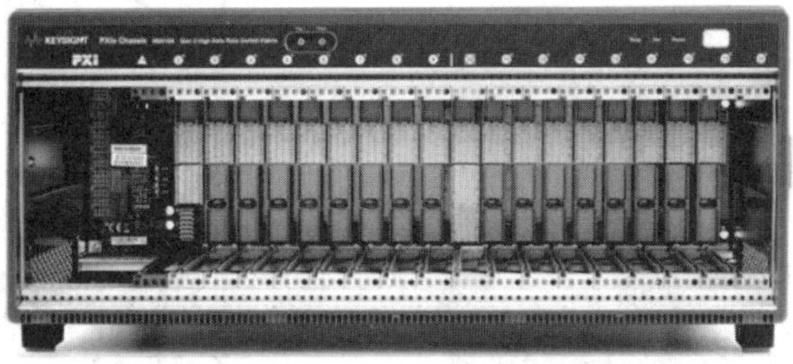

图 9-11　PXI 机箱

PXI 机箱具备多种配置，能够接受 PXI 和 CompactPCI 模块，系统带宽高达 132 MB/s。另外，PXI 机箱后部设有一个用于远程系统控制的内置 MXI 接口连接器。

目前常用的机箱型号有 NI PXIe-1085，18 槽(16 个混合插槽，1 个 PXI Express 系统定时插槽)，高达 24 GB/s PXI 机箱 PXIe-1085 具有高带宽全混合背板，可满足各种高性能测试和测量应用的需求，每个外设槽可支持混合连接器类型，如图 9-12 所示。

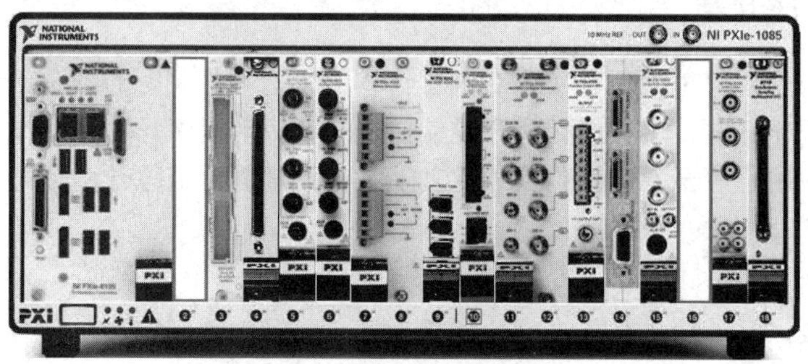

图 9-12　NI PXIe-1085 型机箱

2. 控制器

根据 PXI 硬件规范的定义，所有 PXI 机箱包含一个插于机箱最左端插槽(插槽 1)的系统控制器。可选的控制器是具备 Windows 操作系统或实时操作系统(NI LabVIEW 实时)的高性能嵌入式控制器，或者是台式机、工作站、服务器或笔记本电脑控制的远程控制器，图 9-13 为 PXI 嵌入式控制器实物图。

采用嵌入式控制器就无需再使用远程控制器。PXI 机箱内包含了一套完整的系统。嵌入式控制器配有标准设备，如集成 CPU、硬盘、内存、以太网、视频、串口、USB 和其他外设，它们适用于基于 PXI 或 PXI Express 的系统，并可自行选择操作系统，包括 Windows 或 LabVIEW 实时系统。

另外，使用 PXI 远程控制器也可以通过台式电脑、笔记本电脑或服务器控制 PXI 总线系统，PXI 总线的控制器由计算机中的一块 PCI Express 板卡和 PXI 系统插槽 1 中的一个 PXI/PXI Express 模块构成，通过一根铜质电缆或光纤电缆连接。

目前常用的嵌入式控制器的型号是 PXIe - 8135，PXIe - 8135 是用于 PXI Express 系统的 Intel Corei7 嵌入式控制器，包含 2 个 10/100/1000 BASE - TX(千兆位)以太网端口、2 个 SuperSpeed USB 端口和 4 个高速 USB 端口以及 1 个集成硬盘驱动器、串行端口和其他外设 I/O，适用于处理器密集型、模块化仪器和数据采集应用，如图 9-14 所示。

图 9-13　P XI 嵌入式控制器

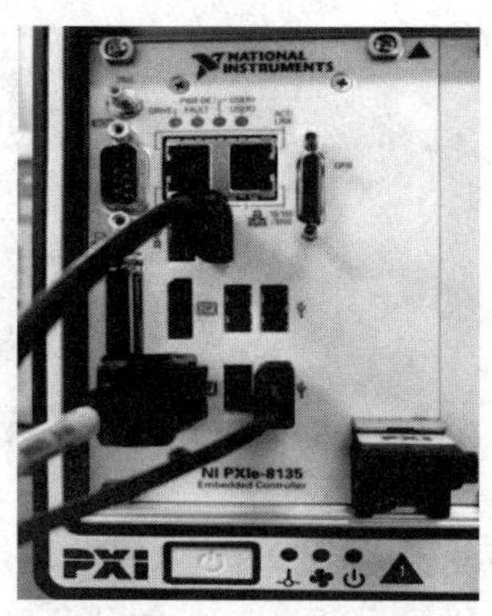

图 9-14　NI PXIe-8135 嵌入式控制器

3. 仪器模块

1) PXI 信号发生器

PXIe-5451 是一款能够生成用户定义波形、标准函数和 I/Q 通信信号的 145 MHz 双通道任意波形发生器，如图 9-15 所示。

图 9-15　NI-PXIe 5451 信号发生器模块

PXIe-5451 非常适用于测试具有 I/Q 输入的设备或作为 RF 矢量信号发生器的基带分量以及包络跟踪等时域信号。PXIe-5451 还具有板载信号处理(OSP)功能，包括脉冲整形与插值滤波器、增益与偏移控制以及数控振荡器(NCO)，以实现频移。PXIe-5451 还具有高级同步和数据流功能。

2) PXI 数字万用表

NI PXle-4071 是一款高性能 7½位 1000 V 数字万用表(DMM)，提供两种常用测试仪器测量功能，即高分辨率数字万用表和数字化仪，如图 9-16 所示。

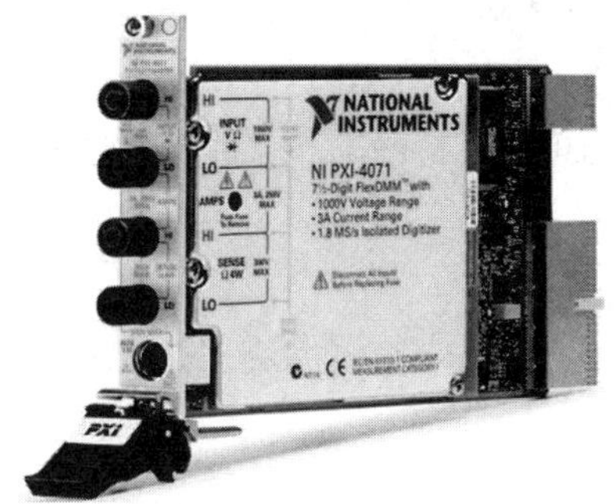

图 9-16　NI PXle-4071 数字万用表模块

NI PXle-4071 用作数字万用表时，可提供快速、准确的 AC/DC 电压、AC/DC 电流、2 线或 4 线电阻、频率/周期测量以及二极管测试。

NI PXle-4071 用作数字化仪时，能够以 1.8 MS/s 的采样速率采集波形。

3) PXI 数字示波器

NI-PXIe 5162 是一款具有四个通道，采样速率高达 5 GS/s，可提供灵活的耦合、电压范围和滤波设置的数字示波器，如图 9-17 所示。

NI-PXIe 5162 还具有多个触发模式、高容量板载内存和一个包含数据流和分析功能的仪器驱动程序。

NI-PXIe 5162 还具有高精度触发电路以及 PXI 同步和数据流功能。

图 9-17　NI-PXIe 5162 数字示波器模块

4) PXI 模拟信号输出模块

NI-PXIe 4322 是一款 8 通道模拟信号输出模块，具有集成信号调理功能和 16 位数模转换器(DAC)，可提供准确、同步的动态电压和电流输出，如图 9-18 所示。

图 9-18　NI-PXIe 4322 模拟输出模块

NI-PXIe 4322 模拟信号输出模块支持静态和软件定时电压输出应用，包含 5 VTTL/CMOS 数字 I/O 线。

5) PXI 数字输入/输出模块

NI-PXIe 6514 是一款数字信号输入/输出模块，提供多达 96 通道数字 I/O，兼容各种电压和隔离等级，如图 9-19 所示。

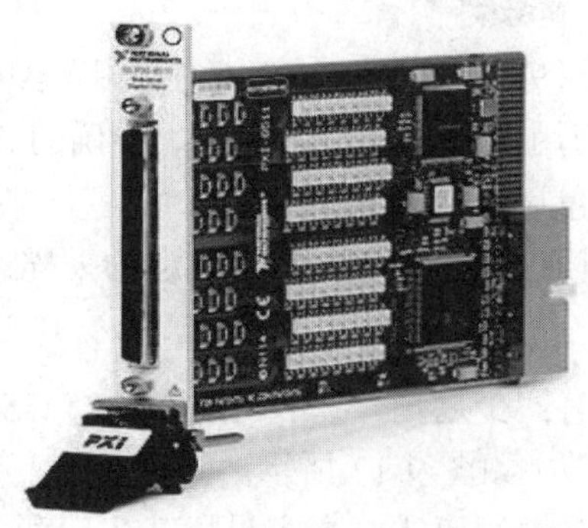

图 9-19　NI PXIe-6514 数字信号输入/输出模块

部分 NI-PXIe 6514 型号还包含可编程输入滤波器，以消除毛刺/尖峰，并通过软件可选数字滤波器为数字开关/继电器提供去抖动功能。

6) PXI CAN 总线接口模块

NI-PXIe 8513 是一款具有双端口的驱动程序可选的容错控制器局域网接口模块，即 CAN 总线接口模块，可方便用户利用 NI XNET 驱动程序开发各类应用程序，如图 9-20 所示。

图 9-20　NI-PXIe 8513CAN 总线接口模块

NI XNET 驱动程序为 NI-PXIe 8513 型 CAN 总线接口模块提供了最高的 CAN 总线开发灵活性，其板载收发器适用于高速/灵活速率、低速/容错单线 CAN 以及任何外部收发器。

7) PXI 可编程电源模块

NI-PXIe 4112 是一款具有隔离输出的 2 通道、60 V/1A 功率的可编程电源模块，如图 9-21 所示。

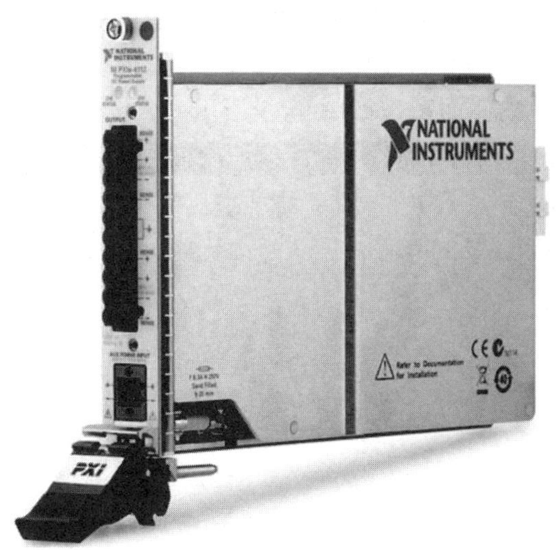

图 9-21　NI-PXIe 4112 可编程电源模块

利用 NI-PXIe 4112 模块，即无须在特定的测试机架中集成多个仪器，从而简化了国防和航空、航天、汽车、组件测试等各种应用的自动化系统设计，同时还具有远程感应功能，可校正系统布线导致的路径损失。

9.4.2　PXI 总线虚拟仪器软件环境

PXI 总线虚拟仪器软件环境主要由虚拟仪器应用程序开发软件、虚拟仪器管理软件及虚拟仪器应用程序等构成，其基本构架如图 9-22 所示。

图 9-22　PXI 总线虚拟仪器软件环境基本构架

1. LabVIEW 开发软件

Laboratory Virtual Instrument Engineering Workbench 简写为 LabVIEW，意为实验室虚拟仪器集成环境，是一种图形化虚拟仪器应用程序开发软件，由美国国家仪器公司(National Instruments，NI)开发。

LabVIEW 开发软件与其他开发软件的显著区别在于：其他开发软件大都采用文本式编程方法，而 LabVIEW 开发软件采用图形化编程方法。

图形化编程方式与文本式编程方式的主要区别：文本式编程是根据语句和指令的先后顺序执行的，编程效率低；而图形化编程则采用图标和数据流编程方式，各图标之间的数据流向决定了程序的执行顺序，编程效率高。

LabVIEW 开发软件集成了快速构建各种虚拟仪器应用程序所需的软件工具，能帮助工程师和科学家解决各类测试问题、提高开发效率。

LabVIEW 开发软件启动界面窗口如图 9-23 所示。

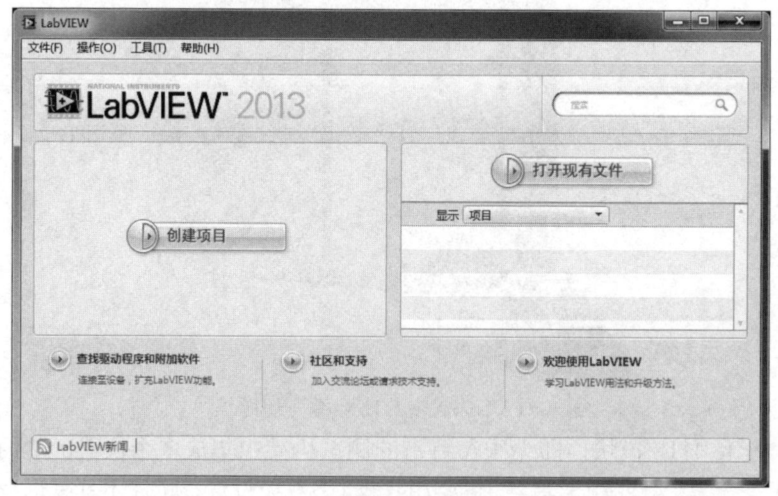

图 9-23　LabVIEW 软件启动界面窗口

LabVIEW 开发软件由前面板窗口和程序框图窗口构成，其中：前面板窗口用于虚拟仪器应用程序软件界面的设计和布置，程序框图窗口用于虚拟仪器测试功能的开发和实现，具体如图 9-24、图 9-25 所示。

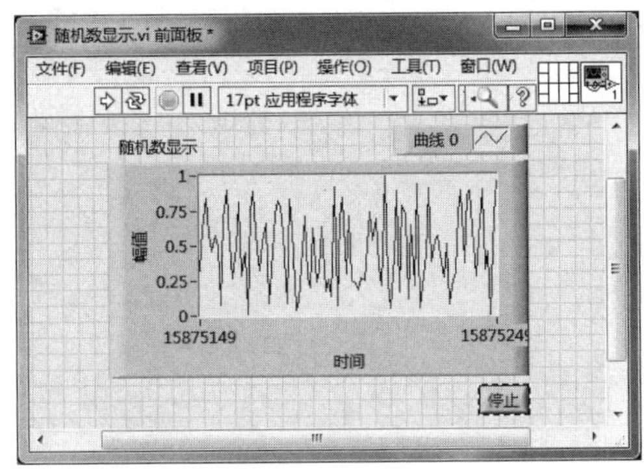

图 9-24　LabVIEW 软件前面板窗口

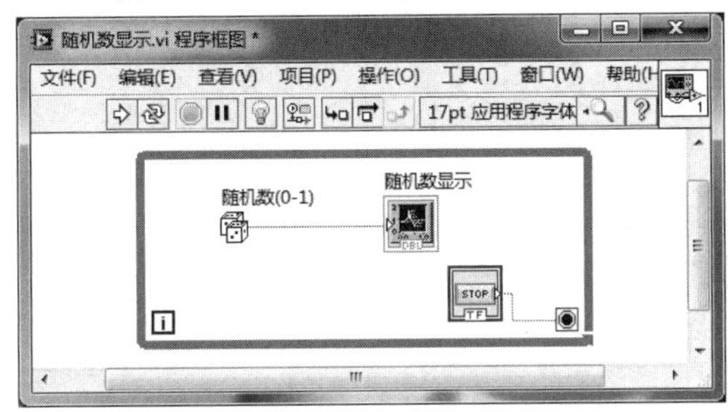

图 9-25　LabVIEW 软件程序框图窗口

2. NI MAX 管理软件

MAX(Measurement & Automation Explorer)是 NI 公司开发的一款帮助用户快速管理和配置其仪器模块的测试管理软件。

NI MAX 可以快速检测和识别 PXI 虚拟仪器系统中的硬件模块、软件程序等，其主界面窗口如图 9-26 所示，其管理窗口如图 9-27 所示。

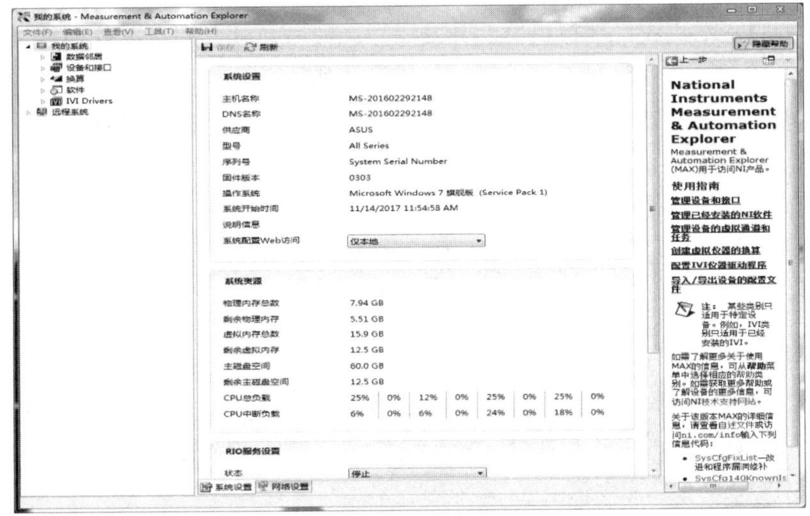

图 9-26　NI MAX 测试管理软件主界面窗口

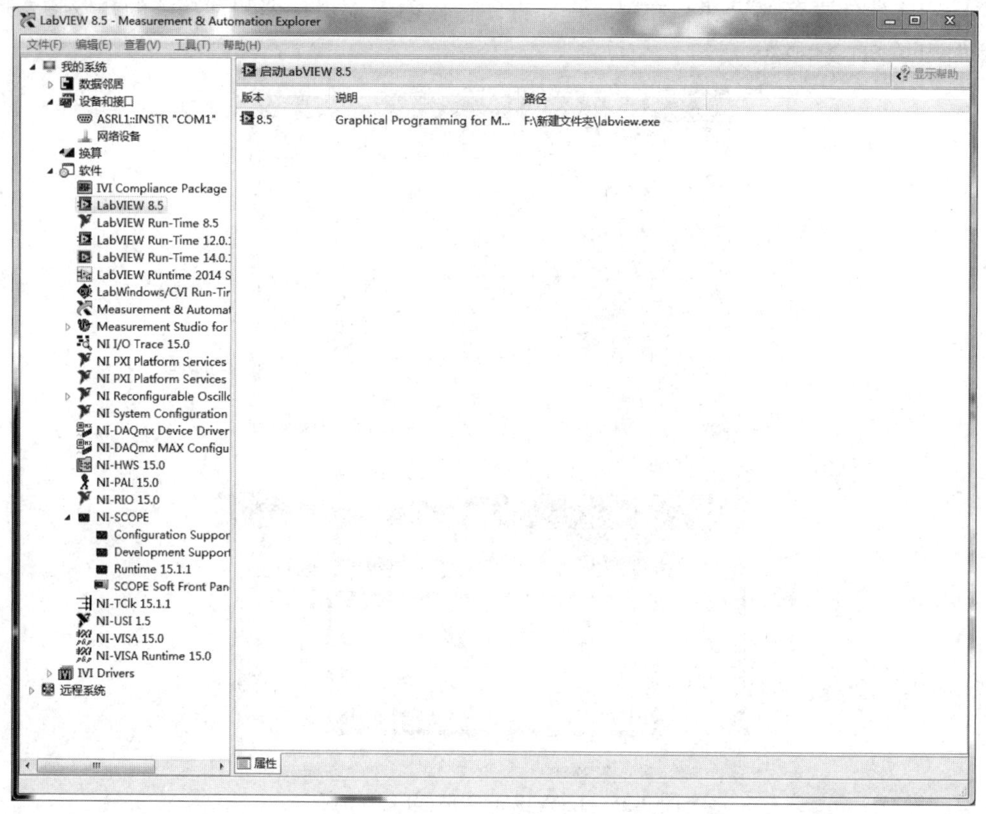

图 9-27　NI MAX 测试管理软件管理窗口

本 章 总 结

本章首先介绍了虚拟仪器的发展历程、产品分类、主要用途及典型产品；然后详细分析了虚拟仪器的基本构成、虚拟仪器的开发流程；最后详细介绍了 PXI 总线虚拟仪器基础知识，具体包括 PXI 总线硬件平台及软件环境等内容。

本章对虚拟仪器基础知识进行了系统介绍，为虚拟仪器测试系统设计、开发、操作、应用奠定了技术基础。

课 后 习 题

1. 选择题(单项选择题)

(1) 虚拟仪器是在那种仪器的基础上发展而来的?_____。

A. 模拟仪器　　B. 数字仪器　　C. 传感器件　　D. 智能仪器

(2) 虚拟仪器的主要特点是_____。

A. 厂商定义仪器功能　B. 用户定义仪器功能　C. 系统封闭　　D. 硬件是关键

(3) 通常，虚拟仪器的核心部件是_____。

A. 功率放大器　　B. 电压比较器　　C. A/D 转换器　　D. 计算机系统

(4) 下列不属于虚拟仪器总线类型的是_____。

A. GPIB 总线　　B. VXI 总线　　C. CAN 总线　　D. PXI 总线

2. 判断题(正确的在后面括号内打√、错误的打×)

(1) 虚拟仪器是在智能仪器及通用计算机的基础上发展而来的一类新型电子测量仪器。(　　)

(2) PC 总线不属于虚拟仪器所使用的总线的一种。(　　)

(3) 通常，虚拟仪器利用软件实现硬件功能。(　　)

(4) 虚拟仪器的软件平台通常由虚拟仪器操作系统、虚拟仪器驱动程序、虚拟仪器应用程序三部分构成。(　　)

3. 简答题

(1) 什么是虚拟仪器?

(2) 按照所采用总线的不同，虚拟仪器有哪些类型？

(3) 虚拟仪器的硬件平台基本构成是什么？

(4) 虚拟仪器的软件平台基本构成是什么？

参 考 文 献

[1] 刘辉. 电子测量与测量技术[M]. 合肥：中国科学技术大学出版社，1992.

[2] 孙焕根. 电子测量与智能仪器[M]. 杭州：浙江大学出版社，1992.

[3] 赵中义. 示波器原理、维修与检定[M]. 北京：电子工业出版社，1990.

[4] Robert A. Witte，著. 电子测量仪器原理与应用. 何小平，译. 北京：清华大学出版社，1995.

[5] 孙树藩. 常用电子仪器原理与应用[M]. 北京：中国计量出版社，1997.

[6] 陈光禹. 数据域测试及仪器[M]. 西安：西安电子科技大学出版社，2001.

[7] 孙忠献，徐强，熊婷婷. 电子测量[M]. 3 版. 合肥：安徽科技出版社，2016.

[8] 吴生有. 电子测量仪器[M]. 西安：西安电子科技大学出版社，2008

[9] 陈尚松，郭庆，黄新. 电子测量与仪器[M]. 3 版. 北京：电子工业出版社，2012.

[10] 邱勇进，路红娟. 电子测量仪器[M]. 北京：电子工业出版社，2015.

[11] 张永瑞，刘联会，姜晖，等. 电子测量技术简明教程[M]. 西安：西安电子科技大学出版社，2016.

[12] 李明生，丁向荣. 电子测量仪器与应用[M]. 4 版. 北京：电子工业出版社，2017.